9. COLLOQUIUM DER
GESELLSCHAFT FÜR PHYSIOLOGISCHE CHEMIE
AM 17./19. APRIL 1958 IN MOSBACH/BADEN

CHEMIE DER GENETIK

MIT 61 TEXTABBILDUNGEN

SPRINGER-VERLAG BERLIN HEIDELBERG GMBH
1959

ISBN 978-3-540-02372-2   ISBN 978-3-642-85877-2 (eBook)
DOI 10.1007/978-3-642-85877-2

BRÜHLSCHE UNIVERSITÄTSDRUCKEREI GIESSEN

Inhalt

Die Feinstruktur des Kerns während der Spermiogenese. Mit 23 Textabbildungen (H. RIS, Madison/USA) 1

Diskussion 28

Der Zellkern der somatischen Zelle. Mit 7 Textabbildungen (G. SIEBERT, Mainz) 31

Diskussion 63

Cytochemische Untersuchungen an basischen Kernproteinen während der Gametenbildung, Befruchtung und Entwicklung. Mit 6 Textabbildungen (M. ALFERT, Berkeley/USA) 73

Diskussion 83

Bakterien-Transformation. Mit 1 Textabbildung (A. WACKER, Berlin-Charlottenburg) 85

Diskussion 98

Transduktion. Mit 15 Textabbildungen (F. KAUDEWITZ, Tübingen) . 104

Diskussion. Mit 2 Abbildungen 123

Einige Probleme der Phagengenetik. Mit 5 Textabbildungen (W. WEIDEL, Tübingen) 130

Diskussion 150

Genetische Kontrolle der Eiweißsynthese. Mit 2 Textabbildungen (J. WALDENSTRÖM, Malmö/Schweden). 156

Diskussion 169

Berichtigung zum Beitrag KAUDEWITZ 173

Begrüßung und Eröffnung

Meine Damen und Herren!

Wir versammeln uns heute zum 9. Mosbacher Colloquium und wollen über ein zur Zeit sehr aktuelles Thema diskutieren: Was kann zur Erforschung der Genetik vom biochemischen Standpunkt aus beigetragen werden?

Vor zwei Jahren fand in Baltimore ein Symposion über die chemischen Grundlagen der Vererbung statt; im August des vergangenen Jahres bemühten wir uns auf dem ersten Symposium der Internationalen Union für Biochemie in Moskau unter der Leitung von Prof. OPARIN, der Entstehung des Lebens auf der Erde nachzuspüren, wobei wir von unserem heutigen Wissen vom chemischen Aufbau des Protoplasmas und den allen Lebenserscheinungen zugrunde liegenden Reaktionen ausgingen. Dabei kam man auch auf die Natur der Gene zu sprechen und maß der Desoxyribonucleinsäure eine besondere Bedeutung in deren chemischem Aufbau bei. Einige Redner meinten sogar, daß sie die letzte biologische Einheit des Lebens sei. Es darf aber nicht übersehen werden, daß sie nie allein, sondern stets mit Eiweiß verbunden vorkommt.

Ich habe versucht, das Programm so zu gestalten, daß wir ohne Vorurteil das Problem diskutieren können. Da die meisten — wenn nicht alle — Erbmerkmale im Zellkern niedergelegt sind, werden wir zwei Vorträge über diesen hören. Zunächst wird uns Herr H. RIS zeigen, wie die Chromosomen aufgebaut sind, und welche Veränderungen der Kern bei der Spermiogenese durchmacht. Von den mit dem Elektronenmikroskop erkennbaren Strukturen ist nur noch ein kleiner Schritt zum chemischen Aufbau der Zellkerne. Über den gegenwärtigen Stand unserer Kenntnisse auf diesem Gebiet wird Herr G. SIEBERT berichten und gleichzeitig diskutieren, was wir heute über die Funktion der Zellkerne wissen.

Zu diesen Funktionen gehört die Kontrolle der Protein- und der Enzymsynthese. Die menschliche Pathologie hat uns in den letzten Jahren gelehrt, daß es verschiedene erbliche — also genetisch bedingte — Störungen der Eiweißsynthese gibt. Darüber wird Herr J. WALDENSTRÖM, der selbst viel zu diesem Gebiet beigetragen hat, berichten.

Den Vortrag von Herrn M. ALFERT, der leider verhindert ist, persönlich am Colloquium teilzunehmen, wird uns freundlicherweise Herr W. SANDRITTER verlesen. Er handelt von dem, was über das Verhalten der basischen Kernproteine während der Gametenbildung, der Befruchtung und der embryonalen Frühentwicklung mit histochemischen Methoden beobachtet werden kann.

Morgen werden wir erfahren, was die Mikrobiologie zur Kenntnis von der Chemie der Vererbung beigetragen hat.

Herr A. WACKER wird über die Transformation der Bakterien und darüber referieren, welche Bedeutung der Desoxyribonucleinsäure hierbei zukommt.

Herr P. SLONIMSKI[1] wird uns darüber unterrichten, ob und auf welche Weise Mutationen vom Cytoplasma ausgelöst werden können.

Herr F. KAUDEWITZ wird erläutern, welche allgemeine Bedeutung der Transduktion, d. h. der Übertragung von Genmaterial aus einer Bakterienzelle in eine andere durch Phagen beizumessen ist.

Herr W. WEIDEL wird uns mit den Problemen der Phagengenetik vertraut machen.

Nunmehr erteile ich Herrn RIS das Wort zu seinem Vortrag.

K. FELIX

---

[1] Leider hat uns Herr SLONIMSKI sein Manuskript nicht für den Druck zur Verfügung gestellt.

Die Feinstruktur des Kerns während der Spermiogenese*

Von

HANS RIS

Department of Zoology, University of Wisconsin

Mit 23 Textabbildungen

Die unendliche Vielfalt in Form und Funktion, die wir in der gesamten lebenden Welt antreffen, scheint eine Grundeigenschaft des Lebens zu sein. In dieser Fülle herrscht jedoch Ordnung, und das Interessanteste vielleicht ist nicht die Mannigfaltigkeit, sondern die Konstanz und Gleichförmigkeit, mit der sich die Organismen durch unzählige Generationen fortpflanzen. Wir wissen heute, daß diese Konstanz der lebenden Wesen sich auf eine Art Code (Programm) gründet, der in den Chromosomen jeder Zelle enthalten ist und der alle Informationen besitzt, um einen bestimmten Organismus hervorzubringen; sei es ein so einfacher wie die Amöbe oder ein so komplexer wie der Mensch. Wann immer eine Zelle sich teilt, wird dieser Code exakt vervielfältigt und auf die Tochterzellen übertragen. Nur selten wird er verändert, und dann kann es Krankheit oder Tod für die Nachkommenschaft bedeuten oder aber auch eine Befreiung von der Gleichförmigkeit, die zu entwicklungsgeschichtlichen Änderungen führen kann. Was ist dieser Code, und wie wird er mit solch erstaunlicher Regelmäßigkeit dupliziert? Könnten wir das verstehen, so würden wir einen besseren Einblick in das Wesen des Lebens gewinnen. Die Chromosomentheorie der Vererbung hat die Grundlagen geliefert. Sie stellte die Lokalisierung des Codes in der Zelle fest und die Gesetze, nach denen er in den Chromosomen weitergegeben wird. Der Code enthält viele Tausend Informationen, und diese sind nach einem bestimmten Plan auf dem Chromosomenfaden angeordnet.

* This investigation was supported by a research grant No. RG 4738 from the National Institutes of Health, Public Health Service.

Die Chromosomen wurden auch unter dem Mikroskop betrachtet in der Hoffnung, sichtbare morphologische Gegenstücke zur genetischen Differenzierung zu finden. In manchen Zellen zeigen die Chromosomen tatsächlich dichtere und dünnere Abschnitte, und oft ist dieses Muster konstant genug, um mit dem genetischen Muster in Beziehung gebracht und zur Erkennung spezifischer Chromosomenabschnitte benutzt werden zu können. Man nahm einstmals an, daß dieses „Chromomerenmuster" mit dem Genmuster übereinstimme, daß die sich dunkel färbenden Abschnitte genetisches Material und die helleren Stellen dazwischen Verbindungsstränge seien. Aber wir wissen heute, daß dieses Chromomerenmuster viel zu grob ist, um mit der genetischen Differenzierung übereinzustimmen. Es bedeutet lediglich, daß es entlang der Chromosomen gewisse Unterschiede gibt, die sich nicht nur in genetischen Eigenschaften ausdrücken, sondern in gewissen Zellen auch in strukturellen Anordnungen, z. B. im Grad der Spiralisierung der Chromosomenfäden. Wenn ein solches Muster direkt zur genetischen Differenzierung in Beziehung stünde, so müßte es in allen Zelltypen einschließlich der Spermien konstant sein. Ich werde später in diesem Vortrag beweisen, daß es kein solches konstantes Muster gibt. Was bedeuten dann die Chromomeren? Weil sie so klein sind, wissen wir leider sehr wenig über chemische Unterschiede entlang des Chromosoms, aber schon vor vielen Jahren habe ich darauf hingewiesen, daß die Struktur der Chromomeren wahrscheinlich durch verschieden starke Knäuelung der gleichmäßig dicken Chromosomenfaser bedingt ist[1]. Obwohl dieses Knäuelmuster in einer bestimmten Zelle oder in Zellen eines gewissen funktionellen Stadiums ganz spezifisch sein kann, schließt es nicht aus, daß in anderen Zellen, in denen Chromosomen weniger leicht nachgewiesen werden können, z. B. in den Spermien, das Muster vollständig anders ist oder die Chromosomenfäden völlig gestreckt und so ohne jegliches sichtbare Muster sind. Mehr konnte man mit dem Lichtmikroskop nicht entdecken, weil sein Auflösungsvermögen zu gering ist. Die Cytogenetik konnte nicht weiter entwickelt werden, solange es nicht möglich war, die Analyse in den molekularen Bereich auszudehnen. Nach der chemischen Analyse und der mikrobiologischen Genetik spielt die Desoxyribonucleinsäure (DNS) eine entscheidende Rolle für die genetische Spezifität. Als die molekulare Struktur der DNS bekannt wurde, stellte sie ein so hübsches Modell für Selbstduplikation dar, daß sie das bevorzugte Spielzeug der Genetiker wurde, die einen solchen Spaß an ihr hatten, daß sie darüber die Chromosomen vergaßen. Mit Ausnahme gewisser Viren kommt nun DNS immer in Verbindung mit spezifischen Eiweißkörpern vor, nicht nur Histonen und Protaminen, sondern oft auch mit komplizierteren Proteinen. Wenn die Beschaffenheit des genetischen Materials, die Reproduktion der Chromosomen oder die Übertragung der Informationen von Chromosom zu Cytoplasma usw. diskutiert wird, dürfen wir weder das Protein, noch die Art und Weise, wie diese Moleküle die Chromosomen aufbauen, vernachlässigen. Ich möchte nun zeigen, wie eine Kombination der chemischen Analyse mit der Elektronenmikroskopie es schon heute teilweise ermöglicht, zu verstehen, wie das Chromosom aus seinen chemischen Bestandteilen aufgebaut ist.

Unsere elektronenmikroskopischen Untersuchungen der Chromosomen sowie die anderer Autoren erlauben gewisse Verallgemeinerungen[2-4]. 1. Das Chromonema, das man im Lichtmikroskop sieht, ist weiter in submikroskopische Fibrillen unterteilt, die sich der Größe von Makromomolekülen nähern. 2. Diese Fibrillen sind in allen bisher untersuchten Organismen gleich dick, nämlich etwa 100 Å. Wir haben früher über Fibrillen in den ruhenden Kernen und in den Chromosomen sich teilender Zellen berichtet, die etwa 200 Å dick sind. Zuerst deutete ich diese Fibrillen als hohle Schläuche[2], aber neuere Beobachtungen, die ich später diskutieren werde, haben mich davon überzeugt, daß sie tatsächlich aus zwei kleineren Fibrillen von ungefähr 100 Å Dicke bestehen. Es herrscht Übereinstimmung darüber, daß solche 100 Å-Fibrillen eine allgemeine Komponente der Chromosomen sind. Man muß sich aber fragen, ob diese Fibrillen als solche in der lebenden Zelle vorkommen und keine Kunstprodukte sind. Wir suchten auch ein unabhängiges Verfahren, diese Fibrillen zu demonstrieren, und gingen von Experimenten von DOTY und ZUBAY[5] aus, die Nucleohistonfibrillen dargestellt haben, ausgehend von Kalbsthymus-Chromosomen, die in Salz-Versen isoliert und in Wasser gelöst worden waren. Solche Fibrillen, die mit Salz-Versen dargestellt und auf p_H 8 gebracht wurden, waren 30—40 Å dick und enthielten gleiche Mengen von DNS und Histon. Nun ist bekannt, daß isolierte Chromosomen, die bei diesem p_H belassen werden, sogar in der Kälte ziemlich rasch autolysieren, ihre Beschaffenheit ändern und in ein zähes Gel von Nucleohiston übergehen. Vermutlich war

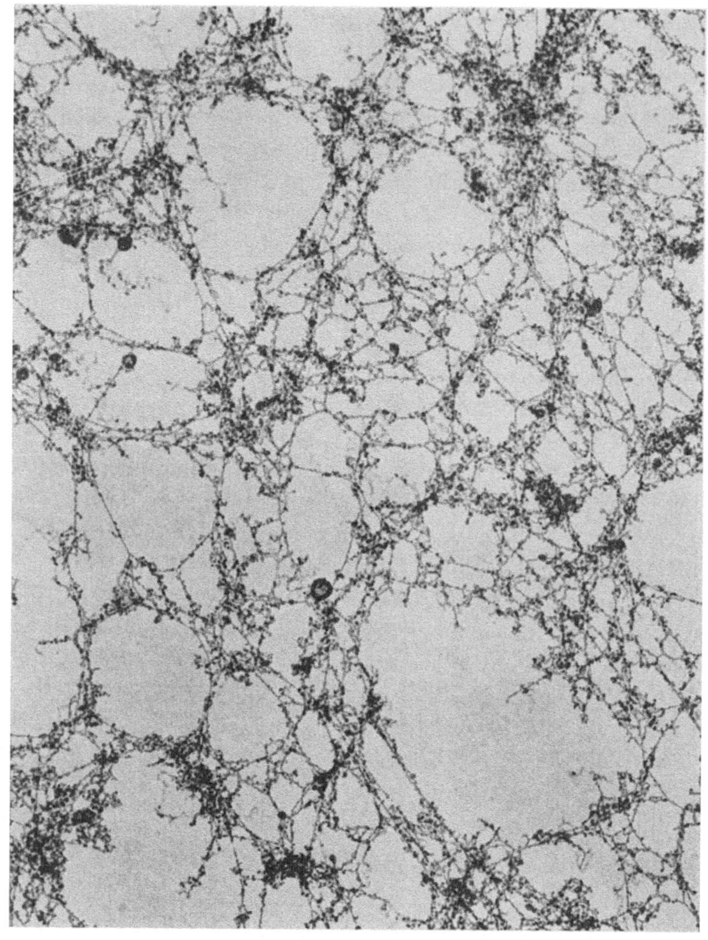

Abb. 1. Kalbsthymus-Nucleoproteid. Chromosomen, in 0,07 M NaCl plus 0,024 M Versen bei p_H 6,5 isoliert und in Wasser gelöst. Getrocknet nach der „kritischen Punktmethode" von Anderson. 23 000 mal. 100 Å-Fibrillen

bei Dotys Darstellung die Nichthiston-Eiweißfraktion auf diese Weise verlorengegangen. Wir stellten daher Kalbsthymuschromosomen in Salz-Versen bei p_H 6,5 dar und lösten sie in Wasser. Ein

Tropfen dieser Lösung wurde für die Elektronenmikroskopie präpariert. Wir benutzten dazu ANDERSONS kritische Punktmethode[6]. Wie Sie in Abb. 1 sehen, bestehen diese Präparate aus

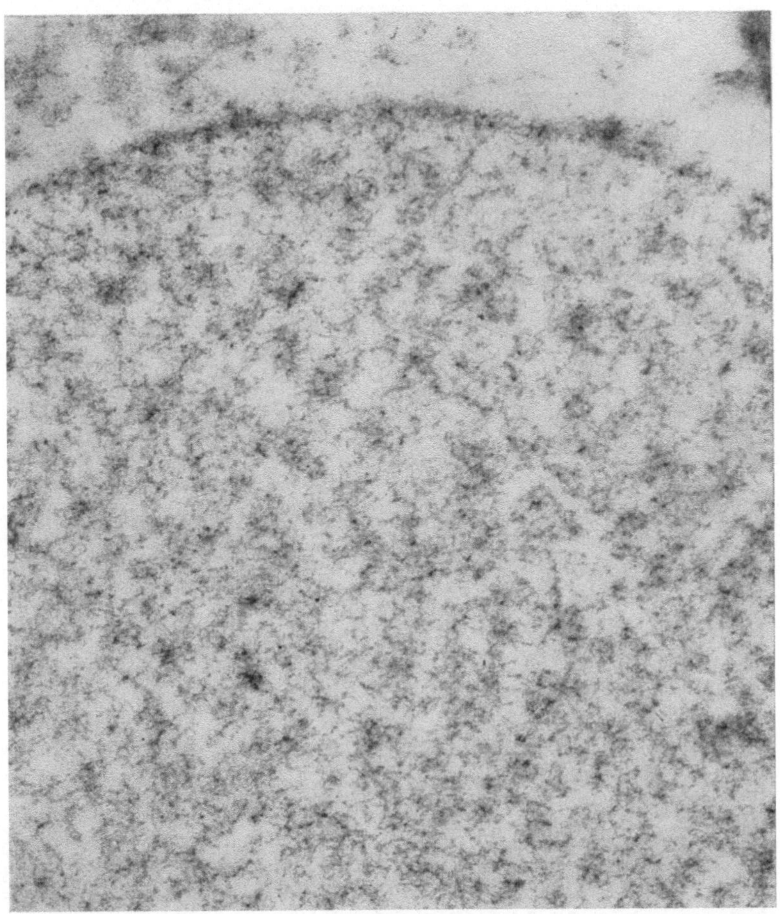

Abb. 2. Kalbsthymus-Kern, in 0,25 M Rohrzucker plus 0,002 M CaCl isoliert, in 0,07 M NaCl + 0,024 M Versen bei p_H 6,5 gebracht und in gepuffertem Osmiumtetroxyd fixiert und im Methacrylat geschnitten. 45000mal. 100 Å-Fibrillen erfüllen den Kern

Massen von Fibrillen, die ungefähr 100 Å dick sind. Da sie alle aneinander hängen, kann nichts Definitives über ihre Länge ausgesagt werden. Wenn Kalbsthymuskerne in Rohrzuckerlösung isoliert und in dieselbe Salz-Versen-Lösung bei p_H 6,5 gebracht werden, schwellen sie beträchtlich an, bleiben aber intakt. In dünnen osmiumfixierten Schnitten erscheinen diese Kerne gefüllt mit Fibrillen von ungefähr 100 Å Dicke und identisch im Aussehen mit den Fibrillen, die in Wasser gelöst wurden (Abb. 2). Diese Kerne unterscheiden sich von solchen in fixiertem Gewebe nur durch den Abstand der Fibrillen voneinander. Versen scheint nicht notwendig zu sein, da eine kurze Behandlung der Gewebe mit Wasser zu ähnlichen Resultaten führt. Die gleiche Verteilung der 100 Å-Fibrillen wurde von Davison und Mercer[7] in Rattenleberkernen gefunden, die in einem Rohrzucker-Glycerin-Medium isoliert wurden.

In welcher Beziehung stehen diese 100 Å-Fibrillen zu den 30—40 Å-Fibrillen von Doty und Zubay? Wir stellten Kalbsthymus-Chromosomen in Salz-Versen bei p_H 8 dar, lösten sie in Wasser

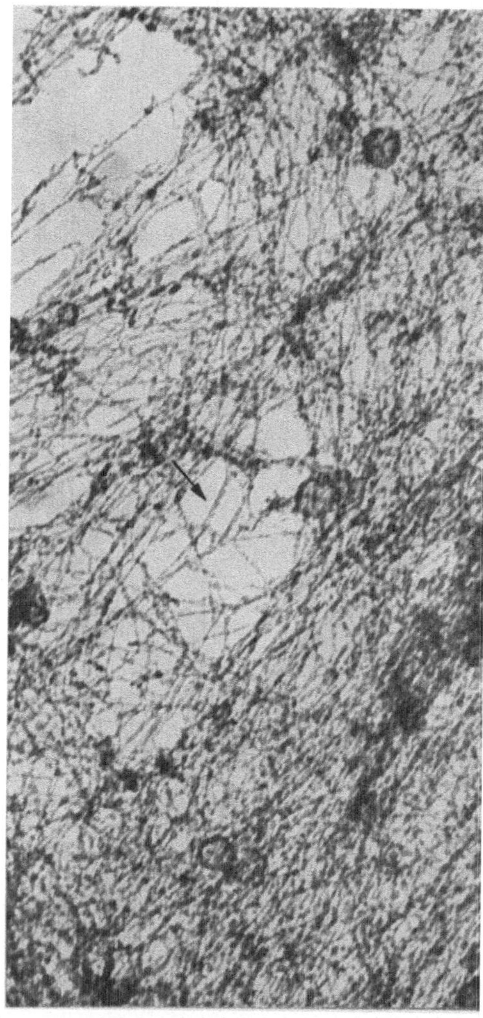

Abb. 3. Kalbsthymus-Nucleoproteid. Chromosomen, in 0,07 M NaCl plus 0,024 M Versen bei p_H 8 isoliert und in Wasser gelöst. Getrocknet nach der „kritischen Punktmethode" von Anderson. 70000mal. 100 Å-Fibrillen bestehen aus 2 verflochtenen 40 Å-Fibrillen (Pfeil); einige einzelne 40 Å-Fibrillen sind auch sichtbar

und trockneten eine Probe für die Elektronenmikroskopie. In Abb. 3 sehen wir, daß die 100 Å-Fibrillen nun deutlich unterteilt sind und zwar in zwei feinere Fibrillen von ungefähr 40 Å Dicke. Einige einzelne 40 Å-Fibrillen sind auch sichtbar. Höchstwahrscheinlich entsprechen diese 40 Å-Fibrillen den Nucleohistonmakromolekülen, die von Doty beschrieben wurden, und wir können daher annehmen, daß sie aus einer DNS-Doppelhelix mit darangebundenem Histon bestehen. Nach Doty[8] ist das Nucleohiston kürzer und hat einen größeren Querschnittsdurchmesser als das DNS-Molekül, das daraus isoliert wurde, was darauf hinweist, daß es zusammengerollt und daher etwas dicker und kürzer ist als die gestreckte DNS-Doppelhelix. Da nach unseren Ergebnissen die 40 Å-Fibrillen nur sichtbar sind, nachdem das Nichthiston-Protein entfernt worden ist, sind sie vielleicht paarweise durch einige dieser komplizierteren Proteine zu 100 Å-Fibrillen miteinander verbunden.

Wenden wir uns nun dem Spermienkern zu. Man darf annehmen, daß in diesen Kernen die Chromosomen zu dem Material reduziert sind, das notwendig ist, um die Gene zu übertragen. Chemische Untersuchungen des Spermienkerns, angefangen mit Mieschers klassischen Analysen, haben uns gezeigt, daß in den meisten Spermien tiefgehende Veränderungen in der Proteinfraktion stattgefunden haben, während die DNS unangegriffen bleibt. Histone werden durch basischere Eiweißkörper ersetzt, und das Nichthiston-Protein ist weitgehend reduziert oder fehlt ganz[9]. Gibt es Veränderungen in der Feinstruktur des Spermatidkerns, die mit diesen chemischen Veränderungen in Beziehung stehen? Noch aus einem anderen Grund müssen wir die Spermiogenese untersuchen. Aus der Doppelbrechung und dem Dichroismus der Spermienkerne geht hervor, daß bei vielen Arten mit langen und schmalen Köpfen die DNS-Moleküle parallel zur Spermienachse orientiert sind[10, 11, 12]. Wilkins[13] erhielt außerdem Röntgendiagramme von orientierten Cephalopoden-Spermien, nach denen die Nucleoproteid-Moleküle parallel der Längsachse der Kerne geordnet sind. Sie erbrachten weiter den Beweis, daß die DNS in Form einer Doppelhelix vorliegt. Auf der anderen Seite sind die Nucleoproteid-Moleküle in Fischspermien willkürlich orientiert. Eine Untersuchung der Chromosomenfibrillen in diesen beiden Spermientypen könnte einigen Aufschluß darüber geben, wie die DNS zu diesen Fibrillen orientiert ist.

Ich möchte nun anhand von Schnitten durch osmiumfixierte
Hoden beschreiben, was mit den Chromosomen-Mikrofibrillen

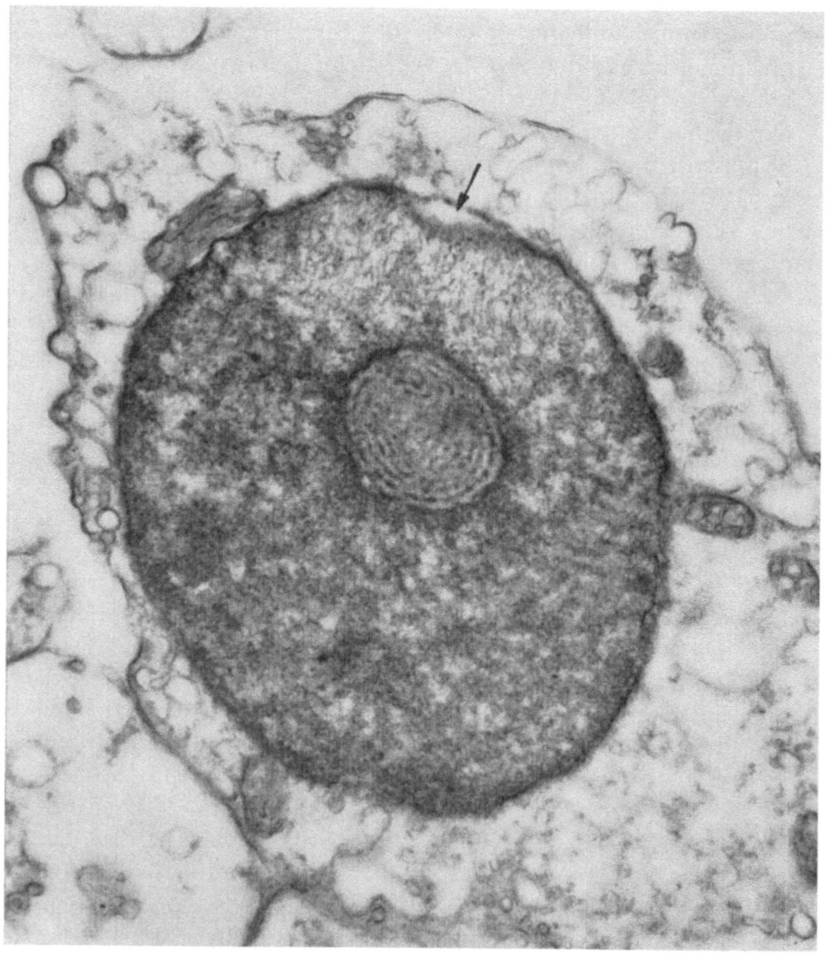

Abb. 4. Spermatid von Octopus vulgaris. Sich entwirrende 100 Å-Fibrillen am oberen Rand
(Pfeil). Im übrigen Kern sind sie noch verknäuelt. In der Mitte ein Querschnitt durch die
fingerähnliche Cytoplasmatasche an der Basis des Kerns. 19000mal

während der Spermiogenese geschieht. Lassen Sie mich zuerst die
Punkte anführen, die allen untersuchten Arten gemeinsam sind.

In den frühen Spermatiden haben die Kerne eine typische Interphasenstruktur. Sie scheinen eine große Zahl von weitgehend verflochtenen oder geknäuelten Mikrofibrillen zu enthalten, die

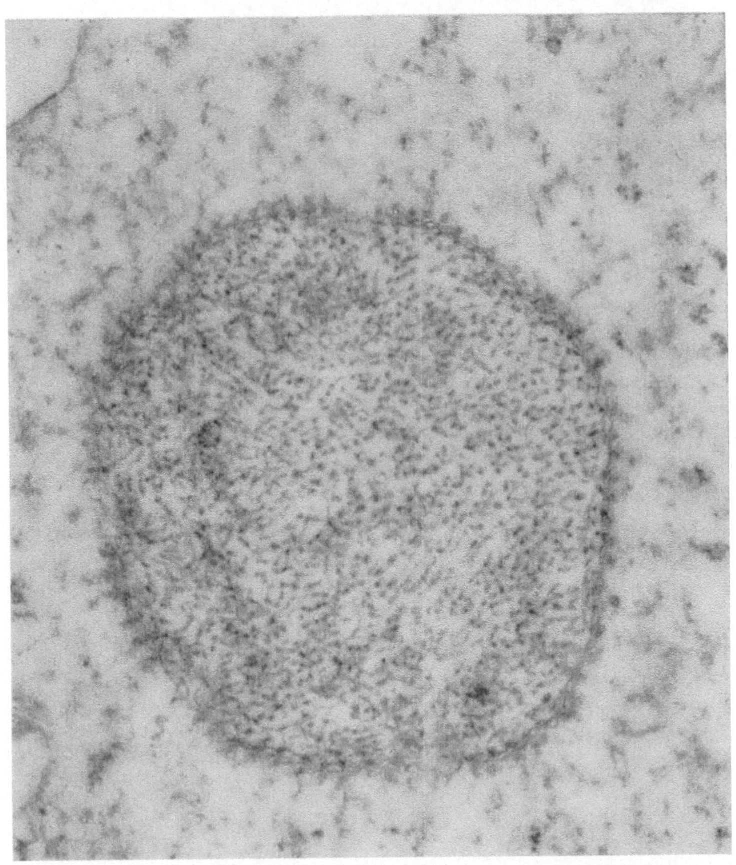

Abb. 5. Querschnitt durch einen Spermatiden des Octopus. 100 Å-Fibrillen sind in der Längsachse des Kerns orientiert und daher hier hauptsächlich im Querschnitt zu sehen. 53 000 mal

100 Å dick und gewöhnlich paarweise miteinander verbunden sind. Einzelne Chromosomen können nicht erkannt werden, aber es ist kaum anzunehmen, daß die Individualität der Chromosomen verlorengegangen ist; darum vermute ich, daß jetzt, wie auch in

späteren Stadien, die Fibrillen genau wissen, wohin sie gehören, und die scheinbare Homogenität auf das Anschwellen der Chromo-

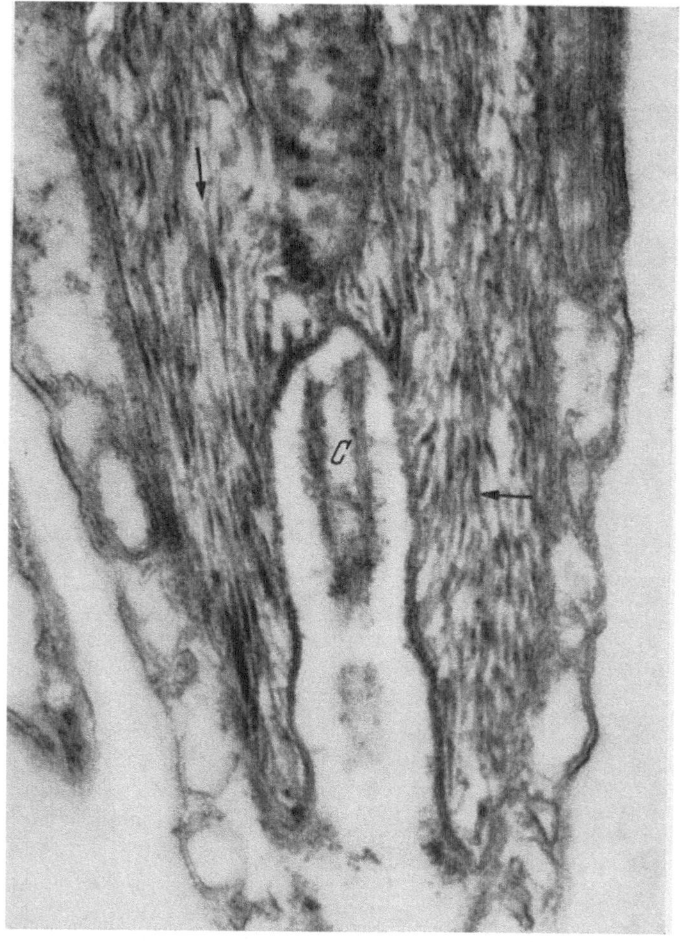

Abb. 6. Längsschnitt durch einen Spermatiden von Octopus. 100 Å-Fibrillen, parallel zur Längsachse des Kerns orientiert. Jede von ihnen wird in zwei 40 Å-Fibrillen gespalten (Pfeile). Das Centriol (*C*) ist in der Cytoplasmatasche an der Basis des Kerns. 64 000 mal

somen zurückzuführen ist[14]. In späteren Stadien, die durch Veränderungen an den cytoplasmatischen Organellen (Akrosomen,

Mitochondrien, Achsenfaden) gekennzeichnet sind, teilen sich die 100 Å-Fibrillen stets in zwei feinere Fibrillen von etwa 40 Å Dicke. Wir haben cytochemische Untersuchungen während dieser Entwicklung an den Kernen angestellt und gefunden, daß die 40 Å-Fibrillen zu der Zeit sichtbar werden, wenn das Nichthiston-Eiweiß aus dem Spermatidkern verschwindet. Es ist bezeichnend,

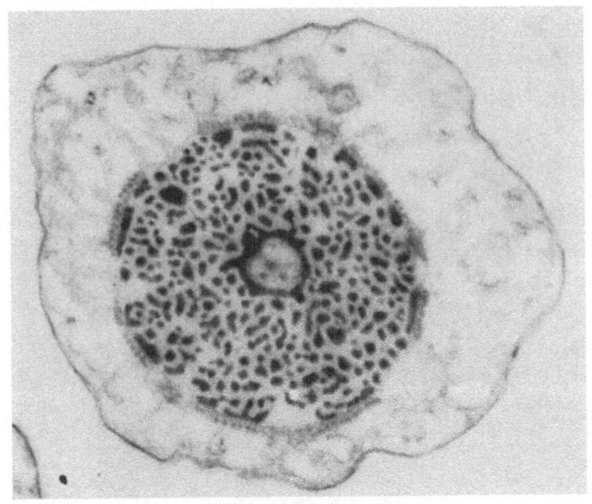

Abb. 7. Späte Spermatiden von Octopus im Querschnitt. Fibrillen zu unregelmäßigen Komplexen zusammengeschlossen. 37 000 mal

daß 40 Å-Fibrillen immer nur dann sichtbar sind, wenn die Nichthiston-Eiweißfraktion weitgehend reduziert ist oder fehlt, entweder durch Autolyse in isolierten Kalbsthymus-Chromosomen oder während der Spermiogenese in Spermatidenkernen. Das zweite allgemeine Phänomen ist ein fortschreitender Zusammenschluß der Mikrofibrillen der Chromosomen zu größeren Verbänden, bis der ganze Kern erfüllt ist von einer gleichmäßig dichten Masse. Dieser Zusammenschluß kann vor oder nach der Trennung in 40 Å-Fibrillen beginnen.

Diese Entwicklung ist besonders klar in Spermatiden von Octopus und soll hier zuerst beschrieben werden. Der frühe Spermatidenkern zeigt die charakteristische Struktur der Interphase mit vielen wahllosen Schnitten durch die 100 Å-Fibrillen. Wenn der Kern anfängt, sich zu verlängern, strecken sich diese

Fibrillen und orientieren sich in der Längsachse des Spermiums.
Abb. 4 zeigt einen Schrägschnitt nahe der Kernbasis. Oben
(Pfeil) haben sich die Fibrillen gestreckt, während sie im übrigen

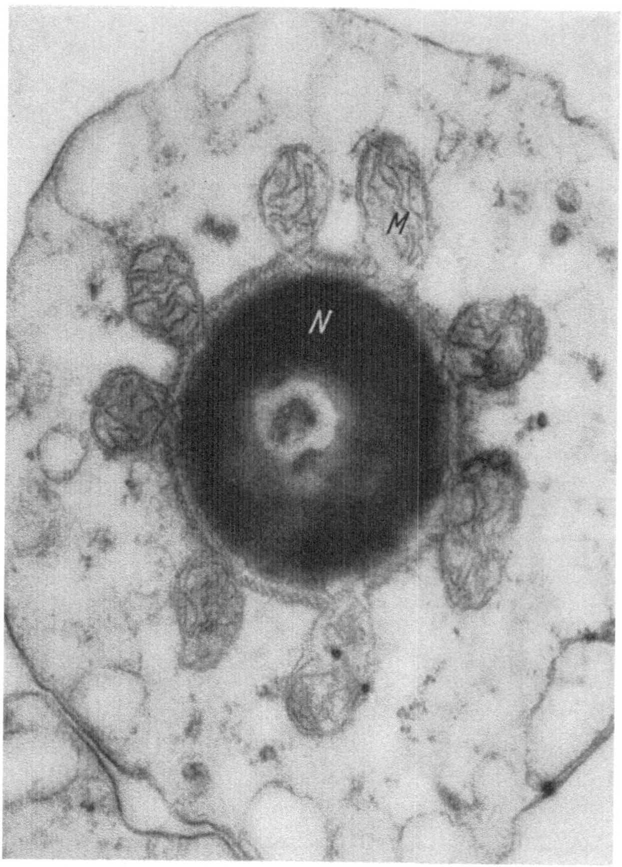

Abb. 8. Querschnitt eines Spermatids des Octopus nahe der Basis des Kerns. Der Kern (N)
ist nun gleichmäßig dicht, mit einer zentralen Cytoplasmatasche. Die Mitochondrien (M)
sind radial nahe der Basis des Kerns angeordnet. 64000mal

Kern noch geknäuelt sind. In der Mitte sehen wir einen Querschnitt durch die fingerähnliche Cytoplasmatasche an der Kernbasis. Die Entspiralisierung der Fibrillen beginnt an beiden Enden
des Kerns, nahe dem Acrosom und dem Centriol. Hier richten sich

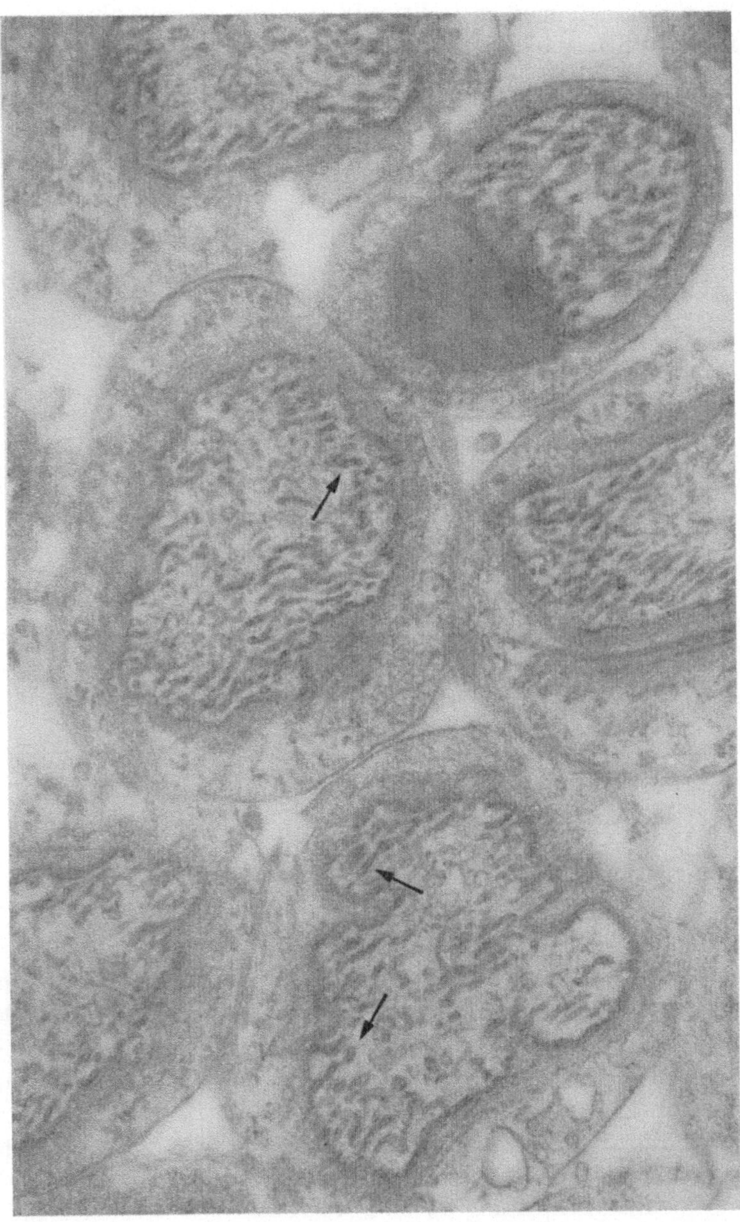

Abb. 9. Schrägschnitte durch späte Spermatiden von Ranatra (Hemiptera). Orientierte 100 Å-Fibrillen, die aus einem Paar von 40 Å-Fibrillen bestehen (Pfeile). 64 000 mal

die Fibrillen immer im rechten Winkel zur Kernmembran. Mit weiterer Streckung des Kerns schreitet die Entwirrung und Orientierung fort, bis die Fibrillen vollständig parallel zur Spermienachse ausgerichtet sind. Einen Querschnitt durch dieses Stadium zeigt Abb. 5 und einen Längsschnitt Abb. 6. Während

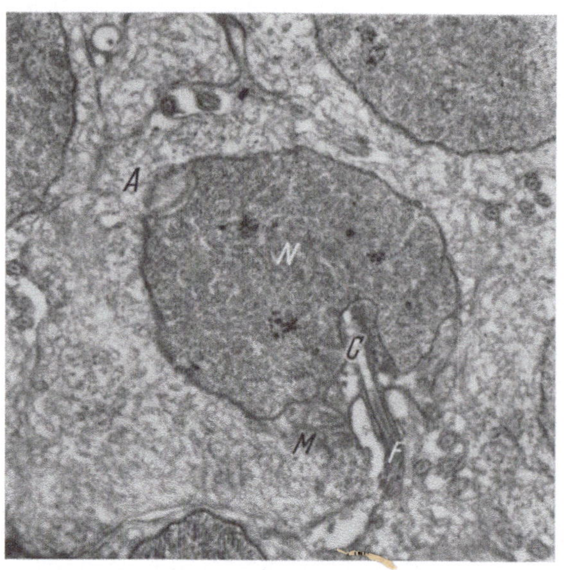

Abb. 10. Spermatid von Sepia officinalis. Centriol (*C*), Achsenfaden (*F*), Kern (*N*). 12000mal

dieses Entwirrens haben sich die 100 Å-Fibrillen in zwei 40 Å-Fibrillen gespalten (Abb. 6, Pfeile). Nun beginnt der Zusammenschluß dieser Fibrillen zu größeren Komplexen (Abb. 7). Wenn der Zusammenschluß vollendet ist, erscheint der Kern einheitlich dicht und strukturlos (Abb. 8). Wahrscheinlich sind nun die Fibrillen so dicht gepackt, daß sie nicht mehr aufgelöst werden können.

In ähnlicher Weise richten sich die 100 Å-Fibrillen auch in dem Spermatiden des Hemiptereninsektes Ranatra aus, und hier ist die Aufspaltung in zwei 40 Å-Fibrillen besonders klar (Abb. 9, Pfeil).

Beim Tintenfisch (Sepia officinalis*) entwickelt sich der Spermatidenkern ähnlich wie der des Octopus, nur mit dem Unterschied, daß der Zusammenschluß schon beginnt, bevor die

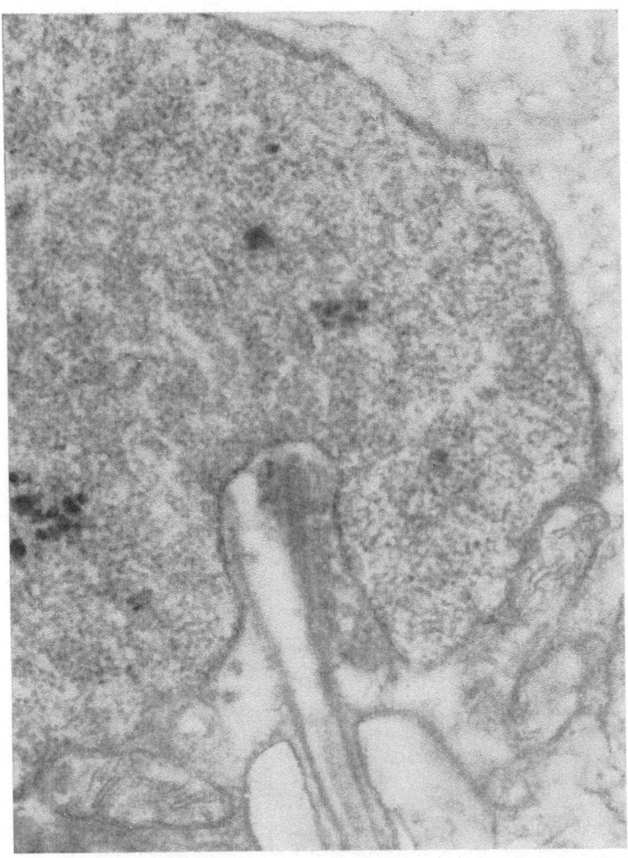

Abb. 11. Das gleiche wie Abb. 10. Details der Kernstruktur. Im Kern sieht man Schnitte durch die vielen 100 Å-Fibrillen. 38 000mal

* Die Untersuchung der Spermiogenese des Tintenfisches wurde im Elektronenmikroskopischen Laboratorium des Instituts Gustave Roussy, Villejuif (Frankreich), begonnen. Ich bin Herrn Dr. WILLY BERNHARD sehr dankbar für sein Interesse und seine Ratschläge bei der Elektronenmikroskopie.

40 Å-Fibrillen klar zu erkennen sind. Abb. 10 u. 11 zeigen einen frühen Spermatidenkern mit Schnitten durch viele 100 Å-Fibrillen. Diese verschmelzen nun zu einheitlich dichten Fibrillen von

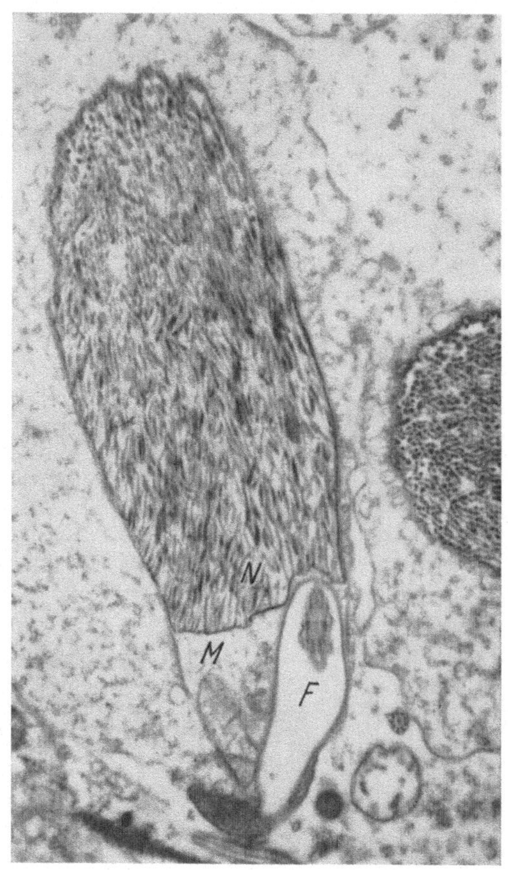

Abb. 12. Spermatid von Sepia. 200 Å-Bündel in der Achse des Spermienkerns (*N*) orientiert. Mitochondrien bilden Mittelstück (*M*). *F* = Schwanzfasern. Rechts ist ein Querschnitt durch einen Kern im selben Stadium. 28 000 mal

ungefähr 200 Å Dicke, die sich nach und nach strecken und in der Längsachse des Kerns orientieren (Abb. 12, 13). Bei stärkerer Vergrößerung können nun die 40 Å-Fibrillen aufgelöst werden

(Abb. 14). Der Zusammenschluß geht dann unregelmäßig weiter (Abb. 15), und der reife Spermatozoenkern ist wieder ohne sichtbare Struktur.

Die interessantesten Merkmale bei dieser Entwicklung des Spermatidenkerns von Octopus und Tintenfisch sind das Auftreten der 40 Å-Fibrillen und die Tatsache, daß diese sich meist vollkommen in der Spermienachse orientieren. Diese Fibrillen sind die einzigen im Elektronenmikroskop sichtbaren Strukturen des Spermatidenkerns. Wir müssen daher annehmen, daß sie dem Nucleoproteid entsprechen, das in hohen Konzentrationen in diesen Kernen vorhanden ist. Außerdem scheint die DNS auf Grund der Wilkinsschen Röntgenuntersuchungen beim Sepiaspermium in der Längsachse der 40 Å-Fibrillen orientiert zu sein. Diese Fibrillen sind also wahrscheinlich Nucleoprotamin-Makromoleküle analog den 40 Å-Fibrillen in Lösungen von Kalbsthymuschromosomen, die bei p_H 8 dargestellt und, wie bereits erwähnt, vermutlich aus Nucleohiston-Makromolekülen bestehen.

Bei der Küchenschabe Periplaneta Americana verläuft die Spermiogenese anders. Wenn der Spermienkern

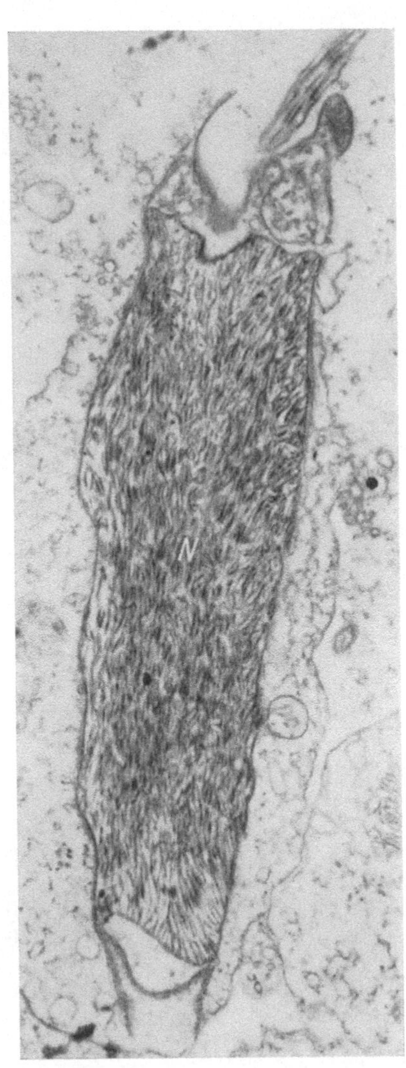

Abb. 13. Spermatid von Sepia, Längsschnitt. 200 Å-Bündel in der Längsachse des Spermienkerns orientiert (*N*). 17 500 mal

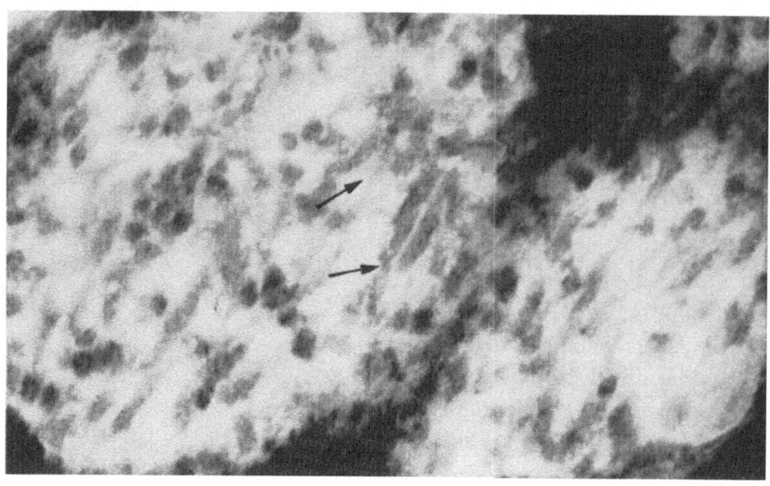

Abb. 14. Spermatidenkern von Sepia im selben Stadium wie Abb. 13. Stärkere Vergrößerung der 200 Å-Bündel zeigt, daß sie aus 40 Å-Fibrillen bestehen (Pfeile). 120000mal. Photo: WILLY BERNHARD, Villejuif

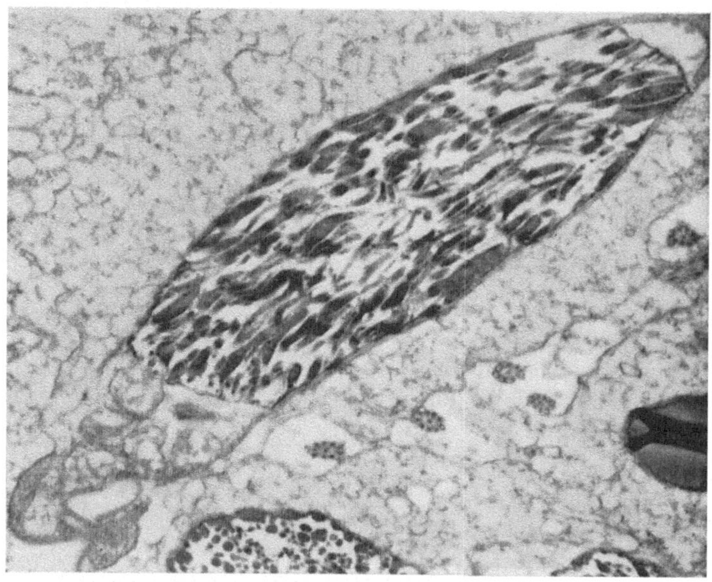

Abb. 15. Spätere Spermatid von Sepia. Unregelmäßiger Zusammenschluß von 200 Å-Bündeln zu größeren Verbänden verschiedener Dicke. 16500mal. Photo: WILLY BERNHARD, VILLEJUIF

sich in die Länge streckt, ist er zuerst lose mit einer Masse von geknäuelten Fibrillen von etwa 200 Å Dicke gefüllt. Manchmal zeigen sie noch die beiden 100 Å-Komponenten, aber die Doppelstruktur ist weniger scharf als in den früheren Stadien. In Schnitten haben diese Kerne eine körnige Struktur (Abb. 16), aber stereoskopische elektro-

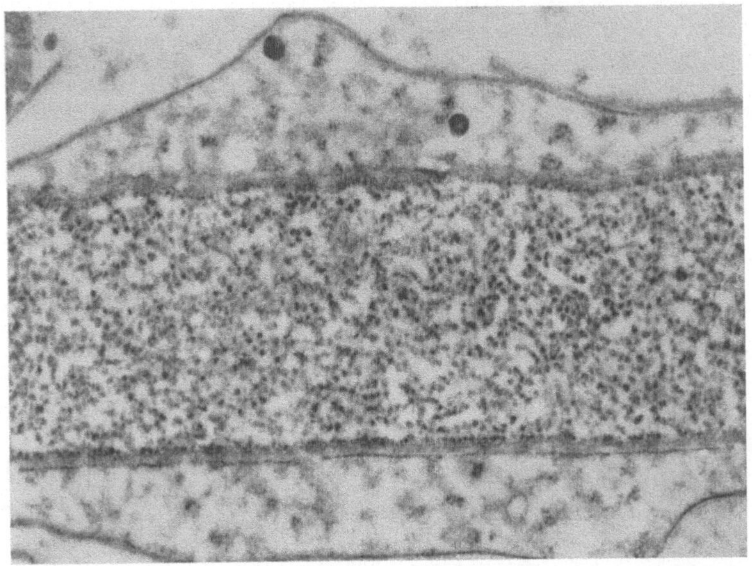

Abb. 16. Längsschnitt eines Spermatids von Periplaneta Americana. Die „Granula" im Kern sind Querschnitte der 200 Å-Fibrillen. 35500 mal

nenmikroskopische Aufnahmen von relativ dicken Schnitten (etwa 150 mμ) zeigen sehr deutlich, daß die scheinbaren Granula Schnitte durch stark verknäuelte Fibrillen sind. In späteren Stadien sind diese scheinbaren Granula zweimal so dick, da sich die Fibrillen weiter paarweise zusammengelegt haben. Diese Zusammenlagerung schreitet fort, und weil die Bündel unregelmäßig geknäuelt bleiben, sieht es so aus, als ob der Kern aus zunehmend größeren Granula zusammengesetzt sei (Abb.17). Während dieser Zeit hat die Spaltung in 40 Å-Fibrillen stattgefunden, so daß wir bei stärkerer Vergrößerung sehen, daß diese Bündel eine große Zahl von 40 Å-Fibrillen enthalten (Abb. 18). Stereoskopische Photographien von dicken Schnitten zeigen wiederum, daß diese großen Komplexe

2*

zufällige Schnitte durch unregelmäßig geschlungene Bündel sind. Ich möchte an dieser Stelle betonen, daß das große Streben nach möglichst dünnen Schnitten, das natürlich gerechtfertigt ist, wenn größtmögliche Auflösung erforderlich ist, Elektronenmikroskopiker bei der Interpretation von elektronenmikroskopischen Aufnahmen oft irregeführt hat. Es ist erstaunlich, wie viel man in relativ dicken Schnitten, besonders bei stereoskopischen Photographien, sehen kann, und es ist ebenso erstaunlich, daß diese Technik nicht mehr benutzt wird. Im Spermatid der Küchenschabe rücken die Bündel immer enger zusammen, bis der Kern gleichmäßig dicht ist (Abb. 19). Dieser Typ der Kernmetamorphose ist so durch einen fortschreitenden Zusammenschluß von Mikrofibrillen zu Bündeln, die unregelmäßig verknäuelt bleiben, charakterisiert. Die Spermatiden von Wirbeltieren entwikkeln sich auch in dieser Weise. Wir haben die Spermiogenese bei einem Fisch und beim Hahn untersucht. Beim Fisch (Fundulus) bleibt der Spermatidenkern mehr oder weniger kugelförmig. Er erscheint vorerst gefüllt mit willkürlich verknäuelten 40 Å-Fibrillen, die sich dann zu dickeren Bündeln zusammenschließen. Dieser Zusammenschluß beginnt an der Peripherie des Kerns und schreitet nach innen fort. Ein späteres Stadium dieses Prozesses zeigt Abb. 20. Beim Hahn zieht sich der Kern in die Länge und durchläuft Stadien, die denen bei der Küchenschabe sehr ähnlich sind. Veröffentlichte elektronenmikroskopische Aufnahmen von

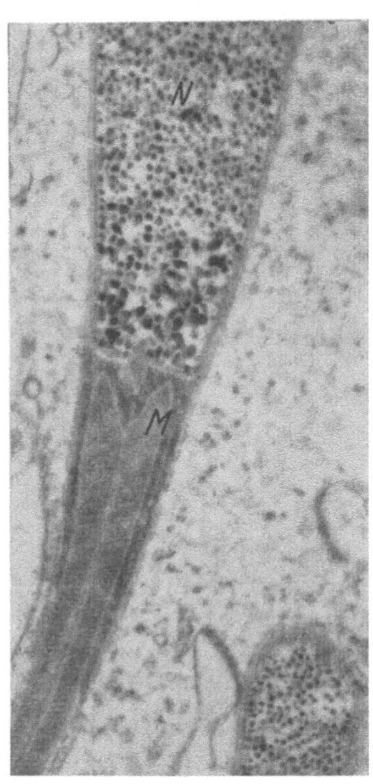

Abb. 17. Längsschnitt einer späteren Spermatide von Periplaneta. Durch Zusammenschluß von 200 Å-Fibrillen wurden stark verflochtene Bündel wachsender Dicke gebildet. Schnitte durch diese Bündel erzeugen granuläres Aussehen des Kerns (N). Vollkommen orientierte Doppelmembran in den Mitochondrienstäbchen im Mittelstück. 21 000 mal

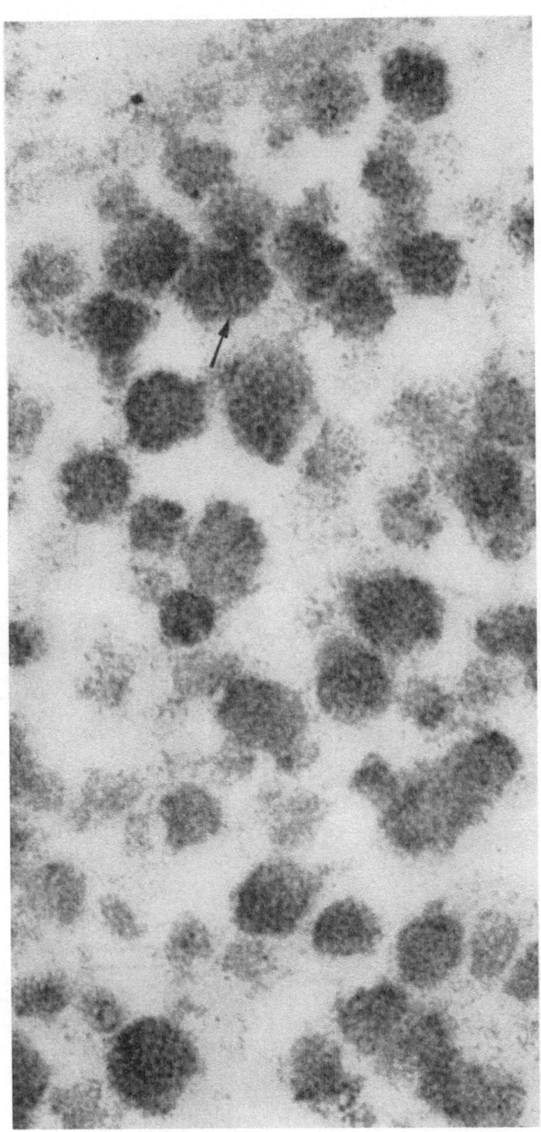

Abb. 18. Detail des Kerns in dem Stadium der Abb. 17. Schnitte durch die verflochtenen Bündel zeigen die zusammengesetzten 40 Å-Fibrillen (Pfeil). 160 000 mal

Spermatiden des Sperlings[15, 16] und des Stiers zeigen, daß diese Arten auch zu diesem Typ gehören, und das gleiche gilt für die Kröte[17] und die Katze[18].

Eine dritte Art der Kernmetamorphose — und die überraschendste — wird bei der Heuschrecke gefunden[4]. Während sich der Spermatidenkern in die Länge zieht, beginnen sich die 100 Å-Fibrillen zu strecken und in der Spermienachse mehr oder weniger

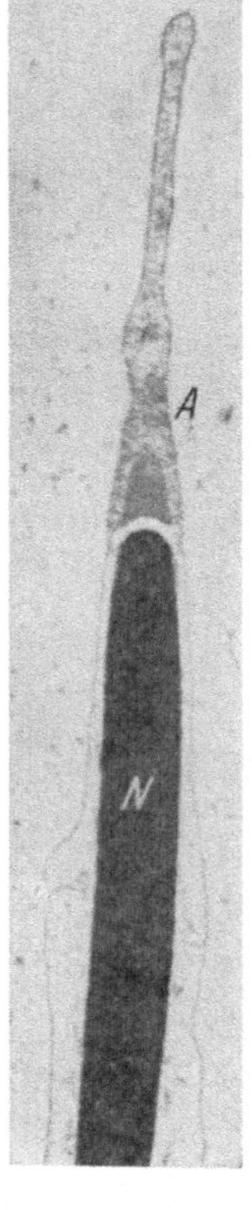

Abb. 19

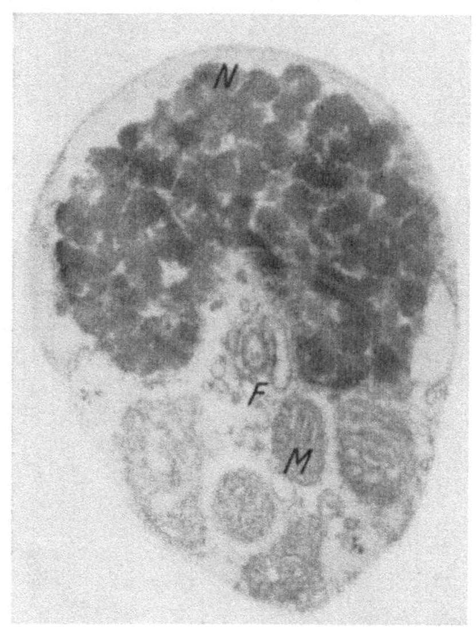

Abb. 20

Abb. 19. Längsschnitt durch einen reifen Spermienkern von Periplaneta. A = Acrosom. 11000mal

Abb. 20. Später Spermatid des Fisches (Fundulus). Schnitte durch dicke Bündel, die unregelmäßig durch den Kernraum gewunden sind. Sie wurden durch Zusammenschluß von 40 Å-Fibrillen gebildet. N = Kern, F = Achsenfaden, M = Mitochondrien. 36000mal

auszurichten. Jede von ihnen spaltet sich in 40 Å-Fibrillen und diese legen sich dann Seite an Seite lamellenartig zusammen, in der Art, wie Bambusvorhänge angefertigt werden, in denen man Bambusstäbchen zusammenbindet. Zu Anfang sind die 40 Å-Fibrillen noch sichtbar, aber später werden die Lamellen einheitlich dicht. Abb. 21 zeigt einen Querschnitt durch einen Heuschrecken-Spermatidenkern in diesem Stadium. Die dunklen Linien stellen Querschnitte durch die Lamellen dar, und die grauen Bezirke sind Teile der Lamellen, von oben gesehen. Ein

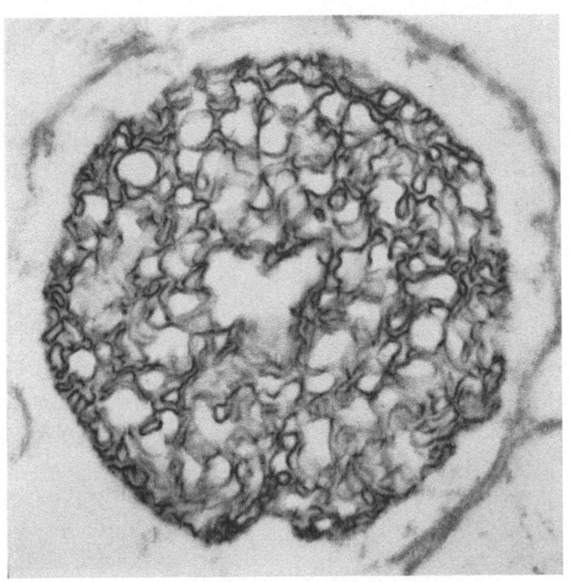

Abb. 21. Querschnitt eines späten Spermatids der Heuschrecke (Romalea). Der Kern ist gefüllt mit Lamellen, die durch seitliches Zusammenlagern von 40 Å-Fibrillen entstanden sind. 37 000 mal

Schrägschnitt durch ein ähnliches Stadium ist in Abb. 22 zu sehen. Die dunklen Linien sind wieder Schnitte durch die Lamellen, 40 Å dick, die der Dicke der Fibrillen, aus denen sie gebildet werden, entsprechen. Während sich der Spermatidenkern in die Länge zieht, werden die Lamellen immer enger zusammengefaltet, bis die Zwischenräume zwischen ihnen verschwunden sind. Querschnitte der späteren Stadien erwecken den Eindruck eines Bündels von Röhren, aber stereoskopische Photographien lassen klar erkennen, daß wir es nicht mit Röhren, sondern mit gefältelten Lamellen, die in der Spermienachse orientiert sind, zu tun haben. YASUZUMI and ISHIDA[19] haben ähnliche Bilder von einer anderen Heuschrecke veröffentlicht, aber sie deuteten sie weder korrekt als

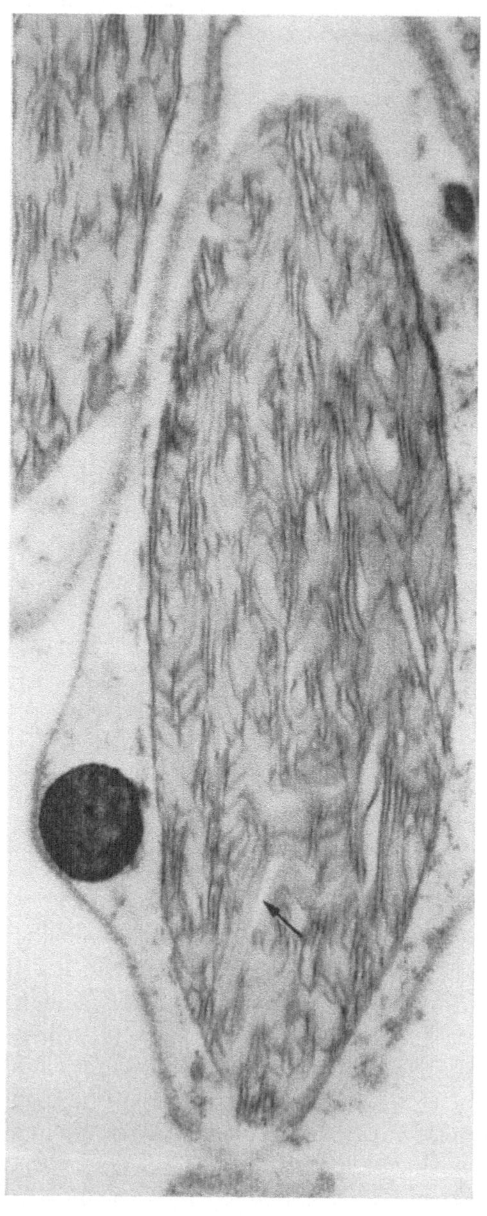

Lamellen, noch verstanden sie die Entstehung dieser Strukturen. Auf der anderen Seite beschrieben GIBBONS and BRADFIELD[20] solche Lamellen in den späteren Spermatiden einer Heuschrecke, verfolgten aber nicht, wie sie aus dem frühen Spermatidenkern entstanden sind.

Nach den Arbeiten von GRASSÉ et al.[21] und von REBHUN[22] scheint es, als ob die Spermatidenkerne von Lungenschnecken in sehr ähnlicher Weise wie die der Heuschrecken umgewandelt würden. Ein Vergleich mit der Situation bei der Heuschrecke läßt keinen Zweifel zu, daß GRASSÉ et al. ihre schönen Bilder falsch gedeutet hatten. Es handelt sich sicher auch da um Lamellen

Abb. 22. Schrägschnitt durch einen späten Spermatidenkern von Romalea. Streifenähnliche Schnitte durch die orientierten Lamellen (Pfeil). Die dunklen Linien sind Profile solcher Lamellen von 40 Å Dicke. 36 000 mal

in den späteren Stadien und nicht um gestreckte und orientierte Fibrillen. Was sie als Fibrillen deuten, sind eben Profile der Lamellen. REBHUN deutete die Lamellen richtig bei dem Spermatid der Schnecke Otala; jedoch zeigte er nicht, wie sich diese Lamellen von den Strukturen in frühen Spermatidenkernen ableiten.

Das Spermium der Schildlaus Steatococcus ist ein interessanter Spezialfall[23]. Die beiden Chromosomen des Spermatidenkerns wandern eines nach dem anderen in den hohlen „Schwanz", der dann das eigentliche Spermium bildet. NEBEL[24] untersuchte späte Spermatiden mit dem Elektronenmikroskop und fand, daß die Chromosomen in dem „Schwanz" Bündel von 30 Å dicken Mikrofibrillen darstellen. Wahrscheinlich stimmen diese Fibrillen mit den 40 Å-Fibrillen, die wir in einer Anzahl von Spermien fanden, überein.

Ich stellte früher fest, daß die Kerne von reifen Spermien gleichmäßig dicht sind. Das Spermium des Seeigels macht jedoch hiervon eine Ausnahme. Dünne Schnitte durch reife Spermien zeigen eine anscheinend körnige Struktur, wobei die Granula verschieden lang und ungefähr 100 Å dick sind[25]. Eine Untersuchung von relativ dicken Schnitten überzeugte mich, daß in Wirklichkeit diese „Granula" Schnitte durch 100 Å-Fibrillen sind. Beim Seeigel bleiben also die 100 Å-Fibrillen bestehen und spalten sich nicht in 40 Å-Fibrillen noch schließen sie sich zu größeren Verbänden zusammen. Es ist interessant, daß die Seeigelspermien im Gegensatz zu anderen Spermien ungefähr 25% Nichthiston-Protein enthalten sollen[26]. Das stimmt mit der Beobachtung überein, daß 40 Å-Fibrillen nur dort in Erscheinung treten, wo das Nichthiston-Eiweiß entfernt ist.

Die hier besprochenen Untersuchungen erlauben uns wohl, ein Modell von der Organisation der Chromosomen zu konstruieren, das als vorläufige Arbeitshypothese dienen kann. Die wesentlichen Bausteine sind Makromoleküle, die aus DNS und einem basischen Protein bestehen. In den meisten Spermienkernen sind diese die einzigen Bestandteile und bilden Fibrillen von ungefähr 40 Å Dicke. Diese Fibrillen sind während der Spermiogenese in verschiedener Weise zusammengepackt, entweder zu gestreckten oder weitgehend verschlungenen Bündeln oder zu Lamellen (Diagramm, Abb. 23). Es dürfte interessant sein, zu wissen, welche Eigenschaften der Nucleoproteidmoleküle diese verschiedenen Arten der

Zusammenlagerung bestimmen. Wo die Fibrillen in der Spermienachse ausgerichtet sind (Octopus, Tintenfisch, Heuschrecke),
zeigen Doppelbrechung, Dichroismus und Röntgenstrahlenbeugung,
daß die DNS-Moleküle in der gleichen Richtung orientiert sind.

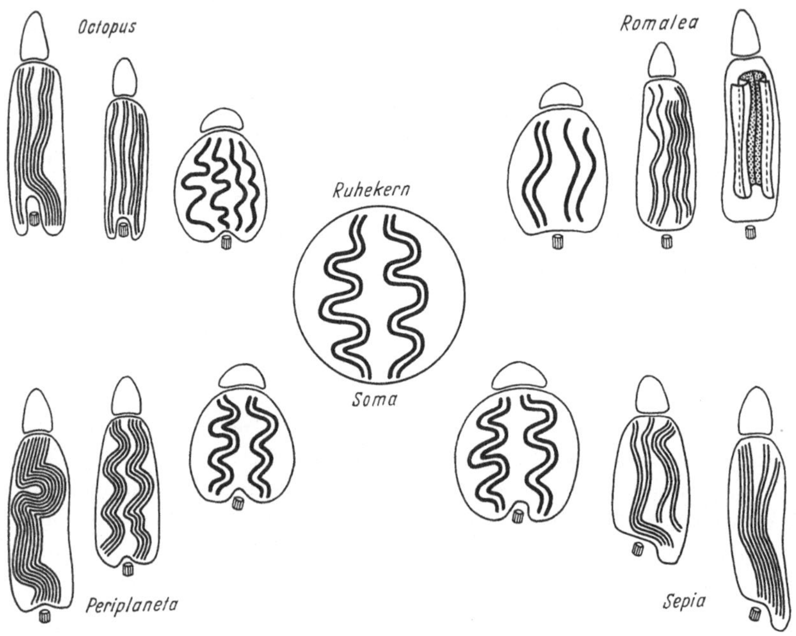

Abb. 23. Schema der Kernmetamorphose während der Spermiogenese in verschiedenen
Tieren (s. Text)

Wo die Fibrillen unregelmäßig im Kern verteilt sind, zeigt auch
die DNS beliebige Orientierung. In somatischen Kernen (und im
Seeigelsperma) sind Nichthiston-Proteine in den Chromosomen
vorhanden, und nun ist die Struktureinheit eine 100 Å-Fibrille, die
aus zwei 40 Å-Fibrillen besteht. Obwohl man so annehmen könnte,
daß gewisse Nichthiston-Proteine die Fibrillen in spezifischer
Weise zusammenkleben, muß zugegeben werden, daß wir bis jetzt
nichts Bestimmtes über die Lokalisierung der Nichthiston-Protein-
fraktion im Chromosom wissen. In vielen somatischen Inter-
phasenkernen scheinen zwei 100 Å-Fibrillen zu einer Doppelstruktur von ungefähr 200—250 Å Dicke zusammengelagert zu
sein. Diese Fibrillen sind im allgemeinen weitgehend geknäuelt,

und nur in gewissen Spermatidenkernen sind sie entwirrt, mehr oder weniger gestreckt und so in Schnitten leicht als Fibrillen erkennbar.

Wie sind diese Fibrillen in einem Chromosom, wie wir es im Lichtmikroskop sehen, angeordnet? Reicht jede Fibrille über die ganze Länge des Chromosoms? Aus Gründen der Einfachheit, und weil wir eine ununterbrochene Struktur benötigen, um die genetischen Daten zu erklären, habe ich angenommen, daß es so ist, und daß das Chromosom die Struktur einer vielfaserigen Schnur hat. Elektronenmikroskopische Aufnahmen von intakten Lampenbürsten-Chromosomen und Leptotän-Chromosomen stützen diese Ansicht, aber ich möchte betonen, daß sie noch lange nicht bewiesen ist. Es bleibt auch zu überlegen, wie die sog. „Cores", die man in Chromosomen während der meiotischen Prophase gefunden hat[27], [28], in die oben angeführte Hypothese hineinpassen. Wir untersuchen nun die überfibrilläre Organisation mit Hilfe von stereoskopischen elektronenmikroskopischen Aufnahmen von dicken Schnitten und auch intakten Chromosomen in der Hoffnung, daß sie uns Aufschluß geben werden, wie diese Fibrillen in den Chromosomen in den verschiedenen Stadien ihres Lebenscyclus angeordnet sind, und wie dies die Funktion der Chromosomen, wie sie in der klassischen Cytogenetik beschrieben ist, erklären kann.

Literatur

[1] Ris, H.: Biol. Bull. **89**, 242 (1945).

[2] Ris, H.: In Chemical Basis of Heredity. Baltimore: Johns Hopkins Press 1957.

[3] Kaufmann, B. P., and M. R. McDonald: Cold Spr. Harb, Symp. quant. Biol. **21**, 233 (1956).

[4] Dass, C. M. S., and H. Ris: J. biophys. biochem. Cytol. **4**, 129 (1958).

[5] Doty, P., and G. Zubay: J. Amer. chem. Soc. **78**, 6207 (1956).

[6] Anderson, T.: In Physical Technique in Biol. Res. vol. III ed. Pollister and Oster. New-York: Academic Press 1956.

[7] Davison, P. F., and E. H. Mercer: Exp. Cell Res. **11**, 237 (1956).

[8] Doty, P.: Symposium on Biocolloids. J. cell. comp. Physiol. **49**, Suppl. 1, 27 (1957).

[9] Felix, K., H. Fischer and A. Krekels: Progr. in Biophys. **6**, 1 (1956).

[10] Pattri, H. D. E.: Z. Zellforsch. **16**, 723 (1932).

[11] Caspersson, T.: Chromosoma **1**, 605 (1940).

[12] Wilkins, M. H. F.: Personal communication.

[13] Wilkins, M. H. F., and J. T. Randall: Biophys. biochim. Acta **10**, 192 (1953).

[14] RIS, H., and A. E. MIRSKY: J. gen. Physiol. **32**, 489 (1949).
[15] YASUZUMI, G., W. FUJIMURA, A. TANAKA, H. ISHIDA and T. MASUDA: Okajimas Folia anat. jap. **29**, 133 (1956).
[16] YASUZUMI, G.: Exp. Cell. Res. **11**, 240 (1956).
[17] BURGOS, M. H., and D. W. FAWCETT: J. biophys. biochem. Cytol. **2**, 223 (1956).
[18] BURGOS, M. H., and D. W. FAWCETT: J. biophys. biochem. Cytol. **1**, 287 (1955).
[19] YASUZUMI, G., and H. ISHIDA: J. biophys. biochem. Cytol. **3**, 663 (1957).
[20] GIBBONS, I. R., and J. R. G. BRADFIELD: J. biophys. biochem. Cytol. **3**, 133 (1957).
[21] GRASSÉ, P. P., NINA CARASSO and P. FAVARD: Ann. Sci. natur. Zool. 18, 339 (1956).
[22] REBHUN, L.: J. biophys. biochem. Cytol. **3**, 509 (1957).
[23] HUGHES-SCHRADER, S.: J. Morph. **78**, 43 (1946).
[24] NEBEL, B.: J. Hered. **48**, 51 (1957).
[25] AFZELIUS, B. A.: Z. Zellforsch. **42**, 134 (1955).
[26] BERNSTEIN, M., and D. MAZIA: Biophys. biochim. Acta **10**, 600 (1953).
[27] MOSES, M.: J. biophys. biochem. Cytol. **2**, 215 (1956).
[28] FAWCETT, D. W.: J. biophys. biochem. Cytol. **2**, 403 (1956).

Diskussion

Diskussionsleiter: Prof. FELIX

FELIX (Frankfurt a. M.): Die morphologische Grundeinheit der Chromosomen sind Fibrillen, die sich zu größeren Bündeln von 100 Å Dicke oder unter Umständen zu noch größeren mit Hilfe des Nicht-Histon-Proteins zusammenlagern. Man hat den Eindruck, daß das dem Zweck dient, dem Spermatozoon das Eindringen zu erleichtern. Leider weiß man noch nicht, ob der Kern der Eizelle ähnliche Veränderungen bei der Reifung durchmacht.

BEERMANN (Marburg): Ich möchte vom Standpunkt des Cytologen und Morphologen fragen, ob sich in dem fertigen Spermium oder bei der Entwicklung des Spermienkerns die Strukturen, die man im Elektronenmikroskop beobachtet, den einzelnen Chromosomen zuordnen lassen. Man hat den Eindruck, daß das ganz willkürlich zugeht, z. B. in dem Fall, wo Lamellen gebildet werden, werden willkürlich alle Einzelfibrillen zu Lamellen zusammengelagert, während man doch sonst von der üblichen Normalcytologie weiß, daß nur homologe Elemente sich miteinander vereinigen können in Art der Chromosomenpaarung. Ist hierüber mehr bekannt?

RIS (Madison): Leider haben die Chromosomen keine Umgrenzung, keine Membran, sie sind einfach Bündel von Fibrillen. Ich glaube aber nicht, daß diese Fibrillen sich willkürlich und ungeordnet zusammenlagern, sie haben ihren bestimmten Platz, wo sie hingehören, auch im Kern, der homogen aussieht. Ich kann nicht beantworten, wo die Chromosomen in diesen homogenen Kernen sind, doch man muß auf Grund anderer Erfahrungen annehmen, daß die Chromosomen als Individuen, als Einheiten weiter bestehen, aber im Ruhekern aufgeschwollen sind. Man sieht das in der Telophase, wo sie wahrscheinlich durch Wasseraufnahme aufschwellen, bis der ganze Kern von Chromosomenmaterial erfüllt ist. Dann sieht man die Grenzen zwischen den Chromosomen nicht mehr. Auch im Spermienkern, wo sie dicht gepackt sind, kann man sie nicht sehen. Dennoch muß man annehmen, daß die Chromosomen wirklich als individuelle Einheiten weiter bestehen.

FISCHER (Frankfurt a. M.): Die 100 Å-Einheiten werden doch wohl in einer Zellgeneration in solche von 40 Å umgewandelt, d. h. ohne Teilung. Wie lange dauert das, Tage oder Stunden?

RIS: Man weiß es nicht genau, aber es ist ziemlich lang, nicht Stunden, aber vielleicht Tage.

FISCHER: Und wie erklärt man sich das Verschwinden des Residual-Proteins? Geschieht dies durch ein Ferment, oder ist es selbst ein Ferment? Diffundiert es aus dem Kern heraus, und wo ist es nachher? Wandelt es sich in Protamin oder Histon um?

RIS: Darüber weiß man eigentlich noch gar nichts.

FISCHER: Eine methodische Frage, die die Isolierung der 100 Å-Fasern und von 40 Å-Fasern aus Thymus bei verschiedenem p_H betrifft: Ist es nicht möglich festzustellen, ob bei verschiedenem p_H eine Protease aktiviert, wird, bzw. ob freie Aminosäuren vermehrt auftreten?

RIS: Dies wurde bisher noch nicht untersucht.

BUTENANDT (München): Geht aus den Ausführungen von Herrn RIS hervor, daß auch dem Histon eine genetisch wichtige Rolle zukommt?

RIS: Diese Frage wage ich nicht zu beantworten. Aber es ist doch interessant, daß bei Tieren und Pflanzen die DNS immer in Verbindung mit basischen Proteinen vorkommt. In Viren allerdings spielt das Protein kaum eine Rolle. Das letzte Wort ist aber noch nicht gesprochen.

BUTENANDT: Vielleicht liegt die Bedeutung des Histons darin, daß es, wie schon öfter vermutet, der DNS-Struktur einen besonderen Schutz verleiht.

SANDRITTER (Frankfurt a. M.): Es wird über Trockengewichtsbestimmungen (Interferenzmikroskop) und UV-mikroskopische Messungen an Zellen mit haploidem und diploidem Chromosomensatz berichtet. Die Messungen des Nucleinsäuregehaltes bestätigen die biochemisch gefundenen Gesetzmäßigkeiten des Nucleinsäure-Verdopplungsgesetzes. Die Trockengewichtsmessungen zeigten, daß auch das Trockengewicht der Zellkerne von haploiden und diploiden Zellen sich wie $1:2$ verhält (z. B. menschliche Spermien, Trockengewicht $6\text{—}7 \cdot 10^{-12}$ g, Thymuslymphocyten 13 bis $14 \cdot 10^{-12}$ g). Diese Gesetzmäßigkeit gilt aber nur für Zellen ohne größeres Cytoplasma. Leberzellen, Flimmerepithelien u. a. weisen ein Trockengewicht von $40\text{—}50 \cdot 10^{-12}$ g auf, obwohl es sich um Zellen mit diploidem Chromosomensatz handelt. Das Trockengewicht dieser Zellkerne wird offenbar stark bestimmt vom Gehalt an Residual-Protein.

WEIDEL (Tübingen): Vielleicht beeinflußt das Histon die Verteilung der Chromosomen.

FELIX: Der Code der Nucleinsäuren weist nur 5, der der Protamine aber 8 Buchstaben auf. Die zahlreichen Protaminfraktionen haben daher eine ungleich größere Chance, Informationen zu tragen.

In diesem Zusammenhang ist erwähnenswert, daß nur Fische, deren Protamin die gleiche Zusammensetzung hat, miteinander kreuzbar sind.

Fischer: Wir haben gemeinsam mit Hug und Lippert Nucleoproteidfasern elektrononoptisch untersucht. Es zeigte sich jedoch, daß sie im Hochvakuum zu schmelzen begannen, wobei sich häufig in bestimmten Abständen kugelige Verdichtungen an den feinsten Fasern bildeten. Diese sind jedoch als einwandfreie Artefakte anzusehen.

In Filmen von Nucleoprotamin ist keinerlei Unterstruktur zu sehen.

Ris: Die von uns beobachteten Strukturfeinheiten sind keineswegs Artefakte. Das „Schmelzen" von Nucleoproteid bzw. von Chromosomenfibrillen kann verhindert werden.

Fischer: Bisher liegen erst wenige Untersuchungen über die Organspezifität von Histonen vor; diejenigen der Stedmans sprechen für eine Spezifität, die von Crampton, Stein und Moore dagegen für die Uniformität der Histone in somatischen Zellkernen.

Eigene noch nicht abgeschlossene Untersuchungen über die Trennung und Zusammensetzung von Histonen aus Leukämiezellen, ferner aus Thymus und Milz haben gezeigt, daß Unterschiede in der Zahl der Fraktionen wie auch in der Aminosäurezusammensetzung der Histone vorliegen. Man kann zwar gegen die Sauberkeit der Trennung der Histonfraktionen noch manches einwenden, jedoch ist sicher, daß z. B. in der Milz eine Histonfraktion in den Kernen enthalten ist, welche zu 40% aus Lysin besteht und in der Arginin und Histidin praktisch fehlen. Ein solches „Lysinprotamin" ist in den Zellkernen der weißen Blutzellen von Menschen mit lymphatischer oder myeloischer Leukämie nicht enthalten. Diese Untersuchungen sprechen dafür, daß in den Kernen verschiedener Zelltypen vielleicht doch verschiedene Histone vorkommen.

Sandritter: In Tumorzellkernen wurde eine verstärkte Farbbindung von Fastgreen gefunden (vgl. Perugini), die darauf hinzudeuten scheint, daß die Tumorhistone eine andere Zusammensetzung (mehr basische Aminosäuren) oder andere physiko-chemische Eigenschaften aufweisen als das Histon normaler Zellen.

Der Zellkern der somatischen Zelle*

Von

GÜNTHER SIEBERT

*Aus dem Physiologisch-Chemischen Institut der
Johannes-Gutenberg-Universität Mainz*

Mit 7 Textabbildungen

Einleitung

Die ersten Impulse zur Isolierung und chemischen Untersuchung von Zellkernen gingen von der mikroskopischen Entdeckung des Kerns und seines Verhaltens bei der Mitose aus. Zur Geschichte dieser Phase kann auf das ausführliche Referat von FELIX[1] anläßlich des letzten Baseler Kongresses verwiesen werden. Seit jedoch in der neueren Zeit die Grenzen zwischen Genetik und Biochemie stärker in Fluß gekommen sind, ist das Interesse an der biochemischen Erforschung des Zellkerns enorm gestiegen.

Nach allem, was wir heute wissen, sind die Chromosomen des Zellkerns der Sitz des *Vererbungsgeschehens* in der Zelle; doch ist es für die weitere Behandlung des Themas vielleicht nützlich, kurz folgenden Gedankengang zu entwickeln: Im „Leben" eines Zellkerns entfällt, selbst bei hochaktiv wachsenden Geweben, nur ein Bruchteil der gesamten Zeitspanne auf die eigentliche Kernteilung, während der überwiegende Teil der sog. *Ruhephase* entspricht. Ja, es gibt viele Gewebe im erwachsenen Organismus, in denen der Zellkern über Jahre und Jahrzehnte hinaus keiner Teilung mehr unterliegt. Vor einer Teilung laufen im Zellkern Synthesevorgänge an DNS und Proteinen ab, wie in vielen Versuchsanordnungen bewiesen worden ist (Übersicht bei BRACHET[2]), und während der Teilung beherrschen die Prozesse der identischen Reduplikation sicher weitgehend das chemische Geschehen im Zellkern. Danach aber, also während der zeitlich einzig bedeutsamen Phase im Leben

---

* Meinem Lehrer, Herrn Professor Dr. Dr. K. LANG, in aller Verehrung und Dankbarkeit zum 60. Geburtstag gewidmet.

des Zellkerns, herrscht scheinbar Ruhe; dies ist die Zeit, in der der
Zellkern offenbar ausschließlich seinen leitenden und kontrollieren-
den Einfluß auf die Lebensäußerungen der Zelle ausübt, denn wie
anders sollte der Begriff Vererbung einen Sinn erhalten als in dem
Postulat einer ständigen Wechselwirkung zwischen Zellkern und
Cytoplasma? Zweifellos ist es also gerade diese Ruhephase, in der
der Zellkern seiner eigentlichen cellulären Funktion nachkommt,
und diese morphologisch und nach den bisherigen Ergebnissen auch
stoffwechselmäßig so wenig eindrucksvolle Ruhephase ist offenbar
das wesentliche Charakteristikum für den funktionierenden Zellkern. Ja, es ist die Mitose- und besonders die Mitosegift-Forschung
selbst (Übersicht bei BIESELE[3]) gewesen, die mit ihren so bedeutsamen Ergebnissen über das Spiel zwischen Ordnung und Be-
wegung bei der Kernteilung den Weg zum Ruhekern, zum Problem
der Lenkung und Aufsicht über die ganze Zelle, gewiesen hat. Dies
mag als Begründung dienen, warum die Erforschung des somatischen Zellkerns heute als so dringlich angesehen werden kann.

Mit dem Begriff des *somatischen Zellkerns* soll die Grenze
zwischen den speziell der Fortpflanzung dienenden Zellen und
denen aller übrigen Körpergewebe abgesteckt werden. Fort-
pflanzungszellen, z. B. also Spermatozoen, werden unter besonderen Bedingungen (Reduktionsteilung) für einen ganz speziellen,
äußerst kurzfristig zu erfüllenden Zweck gebildet. Diese Speziali-
sierung ist vermutlich der Grund dafür, warum z. B. der Spermatozoen-Zellkern so viele Eigenschaften vermissen läßt (und auch
andere in besonders ausgeprägter Weise zeigt), die in den Kernen
somatischer Zellen mit großer Regelmäßigkeit gefunden werden.
Der Spermatozoen-Zellkern kann offenbar, ausschließlich der
Übertragung eines Chromosomensatzes dienend, vieler kom-
plizierterer Lebensäußerungen entraten.

In der weiteren Diskussion des Themas wird also das Haupt-
gewicht auf der Frage nach der *Funktion des Zellkerns* in der Ruhephase der Zelle liegen. Ehe auf Details eingegangen wird, soll der
weitere Gedankengang kurz skizziert werden: Die deskriptive
Biochemie kann im allgemeinen wenig zur Funktion einer Verbindung oder eines morphologischen Zellelementes aussagen,
wenn nicht in glücklichen Ausnahmefällen, für die das Watson-
Crick-Modell der DNS-Struktur ein Beispiel ist, aus der Zustands-
beschreibung bereits funktionelle Schlüsse gezogen werden können.

Wichtiger ist sicherlich die Untersuchung von Stoffwechsel-
prozessen, in unserem Fall also die Frage, welche chemischen
Reaktionen in somatischen Zellkernen ablaufen können.

Die einfachste Vorstellung von der Zellkernfunktion, ohne daß
damit ihre Richtigkeit irgendwie bewiesen wäre, ist die von der
Biosynthese bestimmter Wirksubstanzen im Zellkern, die als stoffliche Träger oder Übermittler der Zellkernfunktion angesehen
werden können. Damit engt sich die Frage nach Stoffwechsel-
prozessen im Zellkern etwas ein zu der Frage nach der Möglichkeit
von Biosynthesen im Zellkern. Bekanntlich hängen Biosynthesen
von einer Reihe von Faktoren ab, von denen das Vorhandensein
entsprechender Enzyme, die Bildungsmöglichkeit der benötigten
Bausteine und die Bereitstellung von verwertbarer Energie
genannt seien. Unter diesen Gesichtspunkten wird also die nachfolgende Diskussion stehen, wobei besonders die Frage des ATP-
Haushaltes eingehend erörtert werden soll. Quantitative Gesichts-
punkte werden bei der Entscheidung der Frage mithelfen, wieweit
nachgewiesene Stoffwechselreaktionen im Zellkern nur dessen
Eigenbedarf dienen oder auch der ganzen Zelle zur Verfügung
stehen könnten.

Die weitere Darstellung beschränkt sich auf Säugetiergewebe,
die weitaus am gründlichsten studiert worden sind, und verzichtet
auf eine weitergehende Heranziehung rein cytologischer Daten, die
in anderen Vorträgen dieses Symposions behandelt werden.

Deskriptive Biochemie des Zellkerns

Bei den sog. parenchymatösen Organen entfallen auf den Zellkern rund 10% des Volumens und des Stickstoffgehaltes der ganzen
Zelle; Thymus und Lymphknoten auf der einen Seite, sowie
Muskel- und Bindegewebe auf der anderen Seite bilden die Extreme
nach oben bzw. unten, in Abhängigkeit von der Zellzahl pro
Gewichtseinheit Gewebe und von dem relativen Anteil des Zellkerns an der Gesamtzelle. Einige *analytische Daten* sind für die von
uns am eingehendsten untersuchten Zellkerne aus Schweineniere
und Rattenleber in Tab. 1 zusammengestellt. Während das Ausgangsgewebe aus gefriergetrocknetem, von Bindegewebe ab-
gesiebtem Zellpulver besteht, sind die Zellkerne praktisch lipidfrei;
nach Literaturdaten enthalten sie 14—16% Gesamt-Lipide
(s. Tab. 2[4]). Bemerkenswert und mit älteren Vorstellungen nicht

Tabelle 1. *Chemische Zusammensetzung isolierter Zellkerne*
(Werte in Prozenten des Trockengewichts nach [32])

	Schweineniere		Rattenleber	
	Ausgangspulver, nicht entfettet	Zellkerne, lipidfrei	Ausgangspulver, nicht entfettet	Zellkerne, lipidfrei
Gesamt-N . . .	12,5	14,9	11,1	13,8
Gesamt-P . . .	1,2	2,5	1,2	2,0
säurelöslicher P .	0,46	0,65	0,37	0,39
Rest-N	0,45	1,3		
DNS	1,8	19	1,6	18,5
RNS	2,3	4,3	3,7	3,7
Protein		77		78
Glykogen . . .			weniger als 0,01	

Tabelle 2. *Zusammensetzung der Zellkern-Lipide*
(Werte in Prozenten des Trockengewichts nach [4])

	Rattenleber	Zellkerne
Gesamt-Lipide	15,22	18,13
Neutralfett	4,13	4,18
Cerebroside	0,33	0
Cholesterin, frei	0,37	0,36
Cholesterin, verestert . . .	2,01	1,14
Phosphatide	8,38	12,45
Kephalin	2,15	3,38
Lecithin	5,80	8,71
Sphingomyelin	0,43	0,36

ganz im Einklang ist der sehr hohe Proteinanteil in den lipidfreien
Zellkernen von 70—80%, der jedoch auch in allen neueren Arbeiten
der Literatur (Übersicht bei [5]) angegeben wird. Für die nachfolgende Diskussion wichtig ist die Tatsache, daß die Zellkernisolierung zu einer *Anreicherung der DNS* um rund den Faktor 10
führt. Zusammen mit den bei der Zellkernisolierung selbst
benutzten Kontrollen der mikroskopischen Untersuchung und des
Sedimentationsverhaltens ist die Verfolgung der DNS-Konzentra-
tion ein gutes Maß für den Erfolg der Zellkernisolierungsverfahren
und die Reinheit der fertigen Präparationen. Der relativ hohe
Gehalt an säurelöslichen Phosphaten ist, wie später noch ausgeführt werden soll, vermutlich durch bestimmte Bedingungen der
Zellkernisolierung verursacht.

Die Zusammensetzung des Zellkerns aus den einzelnen Stoff-
klassen der Proteine, Nucleinsäuren, Kohlenhydrate usw. ist wohl

bekannt und bedarf hier keiner ins einzelne gehenden Beschreibung. Einige Besonderheiten sollen indes kurz erörtert werden. Der *Desoxyribonucleinsäure(DNS)-Gehalt je Zellkern* ist, wie vor allem französische[6] und englische[7] Untersucher gefunden haben, eine konstante Größe (s. Tab. 3), die in direkter Abhängigkeit von der

Tabelle 3. *Desoxyribonucleinsäuregehalt in Säugetier-Zellkernen*
(Werte in 10^{-6} γ DNS je Zellkern; zusammengestellt nach[5]

Leber	5,5—6,5	Rind	6,4
Niere	5,2—6,5	Schwein	5,1
Pankreas	6,7	Hund	5,3
Thymus	6,3—6,9	Mensch	6,0
Milz	6,5	Pferd	5,8
Leukocyten	6,7—6,9	Maus	5,0
Prostata	7,7	Meerschweinchen	5,9
Knochenmark	6,2—9,7	Kaninchen	5,3
Spermatozoen	2,8—3,4	Hammel	5,7

Zahl der Chromosomensätze steht. Eine Erhöhung des für somatische Säugetier-Zellkerne fast durchweg gültigen Wertes von $5-6 \times 10^{-12}$ g DNS je Zellkern auf Werte zwischen 8 und 9×10^{-12} g, wie sie in der Rattenleber gefunden werden, ist auf die in der Rattenleber beträchtliche Polyploidie zurückzuführen. Solche erhöhten Werte erlauben es, direkt aus den Zellkernanalysen den Ploidie-Grad abzulesen (s. z. B.[8]). Hingewiesen sei noch kurz auf die bekannte Tatsache, daß diese Konstanz des DNS-Gehaltes je Zellkern heute breite Anwendung als Bezugsbasis für Stoffwechsel- und Enzymmessungen in Geweben findet[9].

Man sollte annehmen, daß es in den Zellkernen sehr viele *verschiedene DNS-Moleküle* gibt, indem die Spezifität der einzelnen Gene nicht ausschließlich durch den Histonanteil bedingt wird. Über einige Angaben hinaus, daß DNS-Präparationen eine gewisse Heterogenität bei präparativen Trennungen erkennen lassen[10—13], findet sich jedoch nur wenig eindeutiges experimentelles Material zu dieser Frage. Die Schwierigkeiten bei einer Bearbeitung dieser Probleme liegen wahrscheinlich in dem einheitlichen, relativ starken Säurecharakter der DNS begründet.

Charakteristisch für die DNS ist ferner, daß in ruhenden Zellen die DNS offenbar weitgehend dem *dynamischen Zustand der Zellbausteine* entzogen ist. Während der Vorbereitungsphase einer

Zellteilung kommt es zu einer Verdoppelung des DNS-Bestandes im Zellkern, der dann je zur Hälfte auf die beiden Tochterzellen übertragen wird. Anfängliche Zweifel, ob es bei einer Mitose zur gänzlichen Neubildung der DNS oder nur zur Neubildung des zusätzlich benötigten Materials kommt, sind heute im letzteren Sinne entschieden[14-17]. In geometrischer Verdünnung wird also eine einmal gegebene DNS-Menge über die Generationen der Zellen

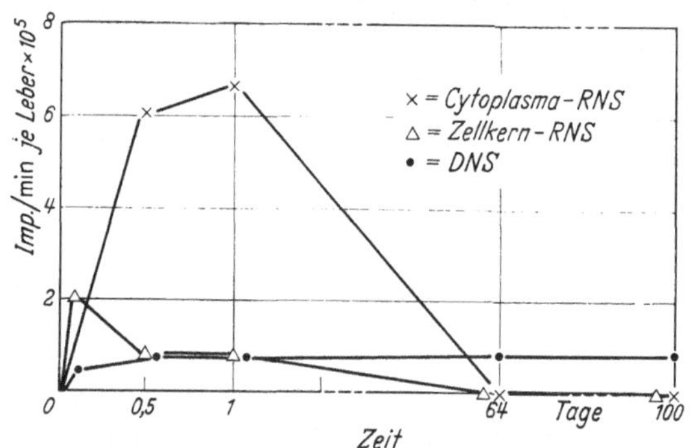

Abb. 1. Markierung von DNS mittels C¹⁴-Orotsäure in der regenerierenden Rattenleber (modifiziert nach [18])

hinweg weitergegeben. Die regenerierende Rattenleber ist ein Beispiel dafür, daß während der aktiven Zellteilungsphase ein lebhafter Stoffwechsel der DNS stattfindet, der im Augenblick des Aufhörens der Mitosen auf praktisch 0 zurückgeht; eine während der aktiven Mitosephase erreichte Markierung der DNS mit radioaktiven Vorstufen bleibt dann über bemerkenswert lange Zeiten, die bei Ratten über $^1/_5$—$^1/_{10}$ der gesamten Lebensspanne verfolgt worden sind, unverändert erhalten (s. Abb. 1)[14, 18]. Die DNS steht damit in partieller Analogie zum Hämoglobin in Erythrocyten, ohne daß jedoch über die zugrunde liegenden Mechanismen, wie die Stoffwechsel-„Ruhe" zustande kommt, schon irgend etwas ausgesagt werden kann.

Für die *Histone* als die wichtigsten Vertreter der charakteristischen Zellkernproteine sind die Daten über eine *chemische Heterogenität* sehr viel umfangreicher[19]. Zum mindesten lassen sich zwei größere Gruppen von Histonen unterscheiden, die als argininreich bzw. lysinreich bezeichnet werden[20-22] (s. Tab. 4). Auch durch Endgruppenbestimmungen läßt sich eine Vielfalt der Histone erweisen[23-25]. Alle diese Untersuchungen begegnen jedoch der Schwierigkeit, daß isolierte Histone außerordentlich leicht in Wechselwirkung mit anderen Histonmolekülen treten und damit gerade modernere Trennverfahren wie Elektrophorese und Chromatographie zu häufig schwer deutbaren Resultaten führen[23,24].

Tabelle 4. *Aminosäurezusammensetzung verschiedener Histonfraktionen*
(Werte als % Aminosäure im Protein)
Histonfraktionen

	Argininreich	Lysinreich	Langsam wandernd	Schnell wandernd
Literaturzitat	21	21	20	20
Gesamt-N . . .	19,2	17,4		
Arginin	15,1	3,86	21	8,0
Lysin	12,7	35,9	33	9,5
Tyrosin	3,58	1,12	1,0	6,3
Methionin . . .	1,21	0,24	0	1,9
Cystin	0,74	0		

Nach allgemeiner Auffassung sind die Histone im Zellkern salzartig mit DNS-Molekülen verbunden; hierfür spricht auch die Tatsache, daß in vielen Fällen analytisch eine Entsprechung saurer Phosphatreste in DNS und basischer Aminosäurereste in Histonen gefunden worden ist[26-28]. Diese *DNS-Histonbindungen* sind aber offenbar mit einem rein salzartigen Verhalten nicht vollständig charakterisiert, wie sich aus Rekombinationsversuchen von reiner DNS mit Histonen in vitro ergibt[29]; native Desoxyribonucleohistone weisen deutlich verschiedene Eigenschaften gegenüber künstlichen Nucleoproteiden auf. Auch aus Berechnungen der theoretisch möglichen DNS-Histon-Kombinationen (sofern sie ausschließlich auf salzartigen Bindungen beruhen) und der aus genetischen Gründen geforderten Vielfalt spezifischer Desoxyribonucleohistone läßt sich ableiten, daß noch andere als salzartige Bindungen zwischen DNS und Histonen bestehen sollten. Ob sich die Funktion der Histone im Zellkern in dieser DNS-Bindung in den Chromosomen erschöpft, oder ob den Histonen daneben noch irgendeine Wirkstoffunktion zukommt, ist gänzlich unbekannt. Die Bearbeitung solcher Fragen wird erschwert durch den relativ eingreifenden Charakter der klassischen zur Histonisolierung benutzten Methoden, die mit ziemlicher Gewißheit zu Denaturierungen führen.

Neben den Histonen wird in Zellkernen ein sog. *saures Protein* beschrieben, das im wesentlichen durch seinen isoelektrischen Punkt zwischen p_H 5,5 und 6,0 charakterisiert ist. Die Aminosäurezusammensetzung ist im Vergleich mit Histonen aus Tab. 5 zu ersehen, die vorwiegend auf Arbeiten amerikanischer und russischer Autoren beruht (s. a. [30]). Es wird angegeben, daß das laut elektrophoretischer Untersuchung einheitliche saure Protein 40—50% der Zellkernproteine ausmache (Übersicht bei [5]), ein Befund, der recht merkwürdig ist, wenn experimentelle Irrtümer mit Sicherheit ausgeschlossen werden können. Gibt es doch bisher nur im Muskel einen Fall, daß ein einheitliches Protein 40% der Gesamtproteine beträgt. Ähnlich

Tabelle 5. *Aminosäurezusammensetzung von Histonen und saurem Protein* (Werte als % Aminosäure im Protein)

	Gesamt-Histone nach [31]	Saures Protein nach [5]
Alanin	6,1	
Arginin	13,2	7,5
Asparaginsäure	4,7	7,6
Cystin		1,8
Glutaminsäure .	9,0	14,4
Glycin	4,4	
Histidin . . .	2,0	2,8
Isoleucin . . .	4,0	
Leucin	7,8	
Lysin	10,2	7,5
Methionin . .	0,8	3,3
Phenylalanin .	3,1	
Prolin	2,9	
Serin	3,4	
Threonin . . .	5,5	
Tryptophan . .	0	2,6
Tyrosin	3,5	5,7
Valin	4,7	
Gesamt-N . . .		14,4

wie bei den Histonen erwähnt, ist auch für das saure Protein die Darstellungsmethode recht eingreifend, da 0,1 N-Lauge benutzt wird. Wir haben uns die Frage vorgelegt, ob nicht in der Fraktion des sauren Proteins die vielen Enzyme, die bisher in isolierten Zellkernen nachgewiesen worden sind, mit enthalten sind; das eben erwähnte Darstellungsverfahren kann naturgemäß für solche Untersuchungen nicht angewandt werden. Die Versuche sind noch nicht abgeschlossen, haben aber bisher keinen sicheren Beweis dafür erbracht, daß typische Zellkern-Enzyme wie z. B. Milchsäuredehydrogenase, Arginase, Kathepsin oder Myokinase in der Fraktion des sauren Proteins angereichert werden können. Gleichwohl haben orientierende Versuche gezeigt, daß sich nucleäre Enzyme bei üblichen Enzymfraktionierungsstudien genauso wie cytoplasmatische Enzyme verhalten. Die Versuche werden fortgesetzt werden; als derzeitiger Schluß bleibt nur die Feststellung, daß zur Funktion des sauren Proteins noch keine Aussage gemacht werden kann.

Vielfach wird darauf hingewiesen (Übersichten bei [5, 31]), daß außer den Histonen auch andere Proteine in den Zellkernen als Nucleoproteide vorlägen. Gleichfalls wird von verschiedenen Autoren ein sog. *Restprotein* beschrieben, das selbst mit starker Lauge nicht vollständig in Lösung gebracht werden kann[31], und dem Chromosomengerüst entsprechen soll. In diese Fragen werden sicher künftige Untersuchungen noch mehr Klarheit bringen müssen.

Vitamine, meist einschließlich der entsprechenden *Coenzyme* bestimmt, sind in isolierten Zellkernen praktisch ausnahmslos um eine Größenordnung geringer gefunden worden als in den entsprechenden Ausgangsgeweben[5]; dies gilt für Vitamin A und die meisten B-Vitamine (Ausnahme: [33]; s. aber dagegen [34]). Ein so geringer Wert, etwa 10% der Konzentration im Gewebe, bedarf zu seiner Sicherung besonders strenger Reinheit der untersuchten Zellkernpräparation, da

Abb. 2. Absorption von Perchlorsäureextrakten (neutralisiert) aus Rattenleber-Zellfraktionen (registriert im Beckman-Photometer DK 2) nach [32]

bereits eine nur 90%ige Reinheit der Zellkerne gleichbedeutend mit $^1/_{10}$ der Gewebskonzentration der untersuchten Substanz ist. Fast möchte man es daher als wahrscheinlich bezeichnen, daß der Zellkern praktisch frei von Vitaminen gefunden wird. Als Beispiel sei die Absorptionskurve eines Perchlorsäureextraktes aus Rattenleber gezeigt (Abb. 2), bei dem der Flavingipfel im Extrakt des Gesamtgewebes deutlich ausgeprägt ist, im Zellkernextrakt dagegen völlig fehlt. Man wird also das

Fehlen von Flavinen[35] direkt als Reinheitskriterium für Zellkerne benutzen können, da sichergestellt ist, daß die benutzte Isolierungsmethode ohne Einfluß auf den Flavingehalt ist (Vergleich von Kurve *A* und *B* in Abb. 2).

Auch der *Kationengehalt* isolierter Zellkerne, der von verschiedenen Autoren untersucht wurde[32, 34, 36–40], ist bei keinem der untersuchten Metalle höher als im Ausgangsgewebe; meist wird in den Zellkernen deutlich weniger gefunden, z. B. an Eisen, Kupfer und Zink.

In die eben dargelegten Punkte spielt bereits eine Überlegung hinein, die für die weiteren Abschnitte noch einer kurzen Diskussion bedarf: Die an isolierten Zellkernen gewonnenen Versuchsdaten sind, z. T. entscheidend, von der *zur Zellkerndarstellung angewandten Methode* abhängig. Die früher viel benutzte Isolierung in verdünnten Säuren wird heute praktisch kaum mehr angewandt und kann unberücksichtigt bleiben. Zu besprechen sind die Isolierung in wäßrigen Rohrzuckerlösungen (oder anderen Flüssigkeiten höherer Dichte wie Mannit-, Glycerin-, Gummi arabicum- oder Polyvinylpyrrolidon-Lösungen) und diejenige in nichtwäßrigen Medien. Der wesentliche Einwand gegen die mit wäßrigen Medien arbeitenden Verfahren ist die Frage der Neuverteilung von Substanzen während der Zerstörung der Zelle durch Extraktion und Adsorption, die z. B. bei der Messung von Enzymaktivitäten und bei quantitativen Bausteinanalysen beträchtliche Unsicherheiten der Deutung bedingen können. Bei Benutzung nichtwäßriger Medien [nach dem ursprünglich von BEHRENS (s. z. B. [41]) angegebenen Verfahren], z. B. Tetrachlorkohlenstoff-Cyclohexan-Gemischen, beruhen die Einwände vor allem auf der praktisch vollständigen Entfernung der Lipide, wodurch sicher komplexe Strukturen aufgebrochen und inaktiviert werden. Erstaunlicherweise werden durch dieses Verfahren Enzyme jedoch kaum inaktiviert, wie wir in ausgedehnten Untersuchungen an mehr als 20 Enzymen nachgewiesen haben[32].

Die *Vorteile des Arbeitens in wäßrigen Medien* liegen vor allem in der Erhaltung komplexerer Gebilde, so daß für Stoffwechselversuche in vitro, z. B. den Einbau markierter Substanzen, fast nur „wäßrige" Kerne benutzt werden. Doch wird man im Einzelfall sorgfältig abwägen müssen, wie weit die Gefahr mikroskopisch nicht und analytisch sehr selten erkennbarer Verunreinigungen der

Zellkerne mit dem Versuchszweck vereinbar ist. Da für die Isolierung in nichtwäßrigen Medien als erster Schritt eine Gefriertrocknung der Gewebe erfolgt und weiterhin praktisch unter Wasserausschluß gearbeitet wird, leuchtet die Verwendbarkeit solcher Kerne für alle analytischen Zwecke (außer natürlich lipoidlöslichen Substanzen) unmittelbar ein. Wegen der meist kaum merklichen Schädigung von Enzymen eignen sich solche *„nichtwäßrigen" Kerne* auch sehr gut zu enzymatischen Untersuchungen, da bei dem angewandten Arbeitsgang eine Neuverteilung von Enzymen praktisch ausgeschlossen ist. Die später gezeigten Messungen von Enzymaktivitäten sind an solchem Material gewonnen worden. Inwieweit die Lösungsmittel die Enzymproteine intakt lassen, wird durch Vergleich mit einer Gewebsprobe festgestellt, die nicht in ihre cellulären Bestandteile separiert, jedoch in gleicher Weise wie die Zellkerne den Lösungsmitteln exponiert wird. Zur näheren Diskussion dieser Fragen s. [14, 41].

Enzyme in Zellkernen

In isolierten Zellkernen ist eine große Anzahl von Enzymen nachgewiesen und meist auch quantitativ bestimmt worden. Einige hydrolytisch wirksame Enzyme sind in Tab. 6 zusammengestellt (nach [5, 14]). Es ist bedauerlich, daß die generelle Kenntnis

Tabelle 6. *In isolierten Zellkernen nachgewiesene Hydrolasen*
(zusammengestellt nach [5, 14])

Acetylcholinesterase	Glutathionase
Adenosindesaminase	Hexosediphosphat-Phosphatase
Amylase	Hyaluronidase
Arylsulfatase	Kathepsin
Adenosintriphosphatase	Lipase
Desoxyribonucleasen	5'-Nucleotidase
DPN-Nucleosidase	Peptidasen
Esterase	Phosphatasen
Glucose-6-phosphat-Phosphatase	Pyrophosphatase
β-Glucuronidasen	Ribonucleasen
Glutaminase	Trypsin

der *Hydrolasen* in zweierlei Hinsicht noch außerordentlich lückenhaft ist; z. T. betrifft dies Fermente wie z. B. manche Phosphatasen und Esterasen, von denen noch nicht einmal das wahre intracelluläre Substrat bekannt ist. In vielen anderen Fällen kennt man zwar das Substrat oder eine Gruppe in der Natur vorkommender Substrate, wie z. B. bei Proteinasen, Peptidasen oder Nucleasen, hat aber noch keinerlei Kenntnis über die zellphysiologische Bedeutung der intravitalen Tätigkeit solcher Enzyme. So bleibt schließlich nur eine kleinere Gruppe meist hochspezifischer Enzyme, wie z. B. Glucose-6-phosphat-Phosphatase oder Acetylcholinesterase, bei denen man nicht nur das Substrat kennt, sondern auch eine begründete Vorstellung ihrer intracellulären Funktion hat. Diese Situation macht es naturgemäß fast unmöglich, zur speziellen Funktion solcher Hydrolasen in Zellkernen Stellung zu nehmen, was selbst für die Desoxyribonucleasen I und II gilt, obwohl deren Substrat ausschließlich in den Zellkernen vorkommt.

Bei den Versuchen einer Deutung solcher Befunde ist gelegentlich auch daran gedacht worden, das intranucleäre Vorkommen der Enzyme damit zu erklären, daß sie dort ihre Bildungsstätte haben. Im allgemeinen sollte eine solche Deutung nur in den Fällen versucht werden, in denen die *Enzymkonzentration in den Zellkernen* wesentlich höher ist als im übrigen Cytoplasma; diese Fälle sind relativ selten und in Tab. 7 zusammengestellt (nach [5, 14]). Trotz des relativ bedeutsamen Unterschiedes zwischen Gewebe und Zellkernen wird man Zweifel haben dürfen, ob aus Konzentrationsdifferenzen allein bereits der Ort der Biosynthese schlüssig abgeleitet werden kann. Diese Frage wird weiter unten noch einmal in anderem Zusammenhang gestreift.

Tabelle 7. *In isolierten Zellkernen in wesentlich höherer Konzentration als im Cytoplasma vorkommende Enzyme* (zusammengestellt nach [5, 14])

Uridyltransferase DPN-Synthese	Leber
Desoxyribonuclease Neutrale Proteinase	Niere
Trypsinogen Kathepsin	Pankreas

Zwei Beobachtungen beim Studium solcher Hydrolasen scheinen noch einer kurzen Erörterung wert. Dies ist einmal das *Verhalten der Zellkernmembran.* Diese weist in manchen Fällen eine durchaus selektive Permeabilität auf, die derjenigen der Mitochondrien vergleichbar ist. Dies gilt z. B. für die saure Phosphatase der Bullenprostata, indem das Substrat ß-Glycerophosphat nur nach Schädigung der Membran durch osmotische Einwirkungen bzw. einen Gefrier-Tau-Prozeß mit dem Enzym genügend in Kontakt gerät, so daß maximale Umsatzraten erzielt werden[42]. Andererseits gibt es aber eine Reihe von Enzymen in isolierten

Zellkernen, deren Substrate hochmolekularer Natur sind, wie z. B. Hämoglobin für Kathepsin, DNS für Desoxyribonucleasen oder Hyaluronsäure für Hyaluronidase. In allen diesen Fällen sind keine Unterschiede der Reaktionsgeschwindigkeiten gefunden worden, wenn eine Suspension intakter Zellkerne mit einem durch mehrmaliges Gefrieren-Tauen hergestellten Extrakt verglichen wurde[32]. Offenbar können also hochmolekulare Substrate hinderungsfrei in Kontakt mit ihren entsprechenden Enzymen geraten. Eine Deutung dieser Befunde ist z. Z. noch sehr schwierig, und für die naheliegende Vermutung, die betreffenden Enzyme seien in der Zellkern-Membran lokalisiert, existieren keine experimentellen Beweise. Seit von WATSON[43] in der Zellkern-Membran Poren nachgewiesen worden sind, die anscheinend keine Artefakte darstellen, wäre auch an eine rein mechanische Erklärung der Befunde zu denken, indem die hochmolekularen Substrate durch solche Öffnungen in den Zellkern hineingeraten. Manche Befunde an in wäßrigen Medien isolierten Zellkernen sprechen jedoch gegen eine beliebige Hin- und Herwanderung hochmolekularer Stoffe durch die Zellkern-Membran, da z. B. vielfach wiederholtes Waschen isolierter Zellkerne durchaus keinen Einfluß auf die Konzentrationen verschiedener intranucleärer Enzyme hat[5, 44]. Doch wird diese Frage weiter unten erneut diskutiert werden müssen.

Dieser letztgenannte Befund leitet über zu der zweiten Frage, ob die im Zellkern vorkommenden Enzyme dort in frei beweglicher Form oder in irgendeiner *Bindung an eine Struktur* oder an eine nicht strukturierte Substanz vorhanden sind. In vor vielen Jahren durchgeführten, noch nicht in extenso publizierten Versuchen[14] wurde gefunden, daß die Anfärbung von Zellkernen mit basischen Farbstoffen zu einer 90%igen Hemmung der Aktivität vieler Enzyme führt (Tab. 8). Durch geeignete Kontrollen wurde gezeigt,

Tabelle 8. *Nach Anfärben von Zellkernen gehemmte Enzyme*[14]

Adenosintriphosphatase	Hyaluronidase
Arginase	Kathepsin
Desoxyribonuclease	Peptidasen
Esterase	neutrale Proteinase
Glutaminsäuredehydrogenase	Phosphatasen

daß nicht der Farbstoff als solcher wirkt, sondern dessen Bindung an den Zellkern für den Effekt nötig ist. Eine Ausnahme machen die Glykolyse-Enzyme, die nicht inhibiert werden. Eine Deutung scheint z. Z. noch verfrüht, aber es bleibt die Frage bestehen, ob nicht auch im Zellkern selbst eine strukturelle Ordnung der vorhandenen Enzyme gegeben ist.

Nach übereinstimmenden Angaben der Literatur und eigenen Befunden[5, 14, 31, 35, 44, 45] fehlen im Zellkern die für *oxydative* Umsetzungen benötigten *Enzymsysteme*. Die Beweise hierfür stammen teils aus Messungen des Sauerstoffverbrauchs mit verschiedenen

Tabelle 9. *In isolierten Zellkernen fehlende Enzyme*
(zusammengestellt nach [5, 14, 44])

Succinoxydase	Cholinoxydase
Cytochrom c	L-Aminosäureoxydase
Cytochromoxydase	D-Aminosäureoxydase
DPNH-Cytochrom c-Reductase	Xanthinoxydase
Uricase	Prolinoxydase

Substraten, teils aus Untersuchungen über Flavine und Cytochrome in isolierten Zellkernen. Das Fehlen der Succinoxydase z. B. dient daher häufig sogar als Reinheitskriterium für Zellkerne[41]. Einige bisher untersuchte Enzyme sind in Tab. 9 zusammengestellt. Zu dieser Regel gibt es eine Ausnahme: In den Zellkernen kernhaltiger Erythrocyten (Vögel, Fische) ist praktisch das gesamte Atmungssystem dieser Zellen enthalten[5, 46]. Sieht man von dieser Ausnahme einmal ab, so ist man versucht, zu spekulieren, ob eine solche Arbeitsteilung in der Zelle sinnvoll ist, indem der Zellkern von den Zentren intensiver Umsetzungen der Nährstoffe zur Energiegewinnung separiert ist und dadurch um so besser einer Funktion des Bewahrens und Konstanthaltens der Zelleigenschaften nachkommen kann.

Damit in Zusammenhang steht auch die Frage der *oxydativen Phosphorylierung* in Zellkernen, die von MIRSKY u. Mitarb.[47, 48] beschrieben wurde. Wenn oxydative Systeme fehlen, sollte auch eine oxydative Phosphorylierung in Zellkernen unmöglich sein. Eine nähere Auseinandersetzung mit den Arbeiten MIRSKYs wird weiter unten anläßlich der Besprechung des ATP-Haushaltes gegeben.

Scheinbar in Widerspruch zu diesen Angaben über das Fehlen oxydativer Systeme steht der Befund, daß *Isocitricodehydrogenase* und *Malicodehydrogenase* in isolierten Zellkernen in sehr beträchtlicher Aktivität gefunden werden (Tab. 10). Ein Vergleich der spezifischen Aktivitäten zeigt, daß das Vorkommen dieser Enzyme in Zellkernpräparaten unmöglich auf Verunreinigungen mit Cytoplasmamaterial beruhen kann; auf Grund der mikroskopischen Untersuchung und DNS-Analysen (s. oben) ergibt sich eine Reinheit der von uns benutzten Zellkerne von mindestens 95%. Wird daher

Tabelle 10.
Äpfelsäure- und Isocitronensäure-Dehydrogenase in isolierten Zellkernen
(Werte als μ Mole Substrat umgesetzt je Stunde bei 25° C; nach [32])

	Äpfelsäure-dehydrogenase Aktivität		Isocitronensäure-dehydrogenase Aktivität	
	je g Trocken-gewicht	je mg Protein	je g Trocken-gewicht	je mg Protein
Schweinenierengewebe . . .	24400	114	1900	6,8
Schweinenierenzellkerne . .	8300	96	400	2,3
Rattenlebergewebe	24900	83	3650	11
Rattenleberzellkerne	15400	56	2630	18

ein Enzym in Zellkernen gefunden, dessen spezifische Aktivität im Vergleich mit dem Ausgangsgewebe nur $^1/_{10}$—$^1/_{20}$ beträgt, so ist die Möglichkeit einer cytoplasmatischen Verunreinigung im Umfang von 5—10% gegeben und damit kein positiver Beweis für das intranucleäre Vorkommen dieser Enzyme erbracht. Beträgt jedoch die spezifische Aktivität 35—160% derjenigen im Ausgangsgewebe, wie es bei den hier durchgeführten Messungen der Fall ist, so ist eine Herkunft der Enzymaktivitäten aus cytoplasmatischen Verunreinigungen so gut wie ausgeschlossen, da man nicht gut annehmen kann, daß ausgerechnet die (mikroskopisch nicht erkennbaren) Verunreinigungen die in Frage stehenden Enzyme in 4—16mal höherer spezifischer Aktivität enthalten als das übrige Cytoplasma. An dem Vorkommen von Isocitricodehydrogenase und Malicodehydrogenase in Zellkernen kann daher nicht gezweifelt werden. Die eben durchgeführte Diskussion bezüglich der spezifischen Aktivitäten gilt in gleichem Maße für eine Reihe weiterer Enzymdaten, die im nächsten Abschnitt zu erörtern sind.

Sowohl Isocitricodehydrogenase als auch Malicodehydrogenase sind Enzyme, die im Cytoplasma nicht strukturgebunden vorkommen, sondern im löslichen Raum angetroffen werden. Welche Konsequenzen dies für den Citronensäurecyclus hat, soll hier nicht näher erörtert werden; es ist jedoch festzuhalten, daß in dem löslichen Charakter dieser beiden Enzyme eine Erklärung dafür liegen kann, daß diese Enzyme auch in Zellkernen gefunden werden. Vielleicht sollte man diese Untersuchungen noch auf andere Enzyme des Citronensäurecyclus ausdehnen.

Biosynthesen in Zellkernen

Zur Frage der Biosynthese von Zellbausteinen in Zellkernen sei zunächst kurz auf Versuche mit *markierten Substanzen als Vorstufen* von Zellkernbausteinen eingegangen. Wie an anderer Stelle ausführlich dargelegt[14], scheint es verfrüht, die Tatsache eines Einbaues einer niedermolekularen Substanz in ein Makromolekül als Biosynthese zu werten, solange nicht in demselben System auch ein Nettozuwachs der in Frage stehenden makromolekularen Verbindung gemessen werden kann. Nur wenn eine Bestandsvermehrung sicher erwiesen ist (und dies gelingt aus methodischen Gründen z. Z. nur bei biologisch hochaktiven Substanzen oder Immunkörpern), kann die Frage entschieden werden, ob der Einbau einer Vorstufe Folge einer echten Neubildung ist oder auf einem Austauschprozeß beruht, dessen Bilanz gleich Null ist. Insofern scheint es notwendig, dem Problem einer echten Biosynthese mit genügend Kritik gegenüberzutreten. Glücklicherweise macht die oben erwähnte Ausnahmestellung der DNS die Beurteilung leichter, da nach allen vorliegenden Befunden Austauschprozesse in der DNS während der Ruhephase nicht in nennenswertem Umfang ablaufen. Findet man also einen signifikanten Einbau markierter Vorstufen in DNS, so darf man eine echte Biosynthese annehmen und kann, wie oben dargelegt, daraus auch weitere Rückschlüsse hinsichtlich der mitotischen Aktivität der betreffenden Zellen ziehen.

Ein weiterer Umstand bedarf noch kurz der Diskussion; viele Stoffwechseluntersuchungen an Zellkernen sind in *in vivo-Systemen* vorgenommen worden, indem die markierte Vorstufe dem intakten Tier oder überlebenden Organ angeboten wurde und erst bei Versuchsende die Isolierung der Zellkerne erfolgte. Eine solche Versuchsanordnung spiegelt zu wahrscheinlich beträchtlichen Teilen das Wechselspiel zwischen Zellkern und Cytoplasma wider und ermöglicht keine direkten Aussagen, ob der Zellkern für sich zu den in Frage stehenden Reaktionen befähigt ist. Daher sind, wenn man sich für den Zellkern als solchen interessiert, *in vitro-Systeme* vorzuziehen, indem eine Suspension isolierter Zellkerne mit der zu untersuchenden Vorstufe inkubiert und dann chemisch aufgearbeitet wird. Solche Versuche sind, soweit wir sehen, erstmals vor einigen Jahren im Mainzer Laboratorium[49] durchgeführt worden, inzwischen aber auch von vielen anderen Forschern in großem Umfang vorgenommen worden. Die weitere Diskussion beschränkt sich auf solche in vitro-Systeme.

Die umfangreichsten Untersuchungen über den Einbau von markierten *Aminosäuren in Zellkernproteine*[50] stammen von MIRSKY und seinen Mitarbeitern[47, 51]. Einige diesbezügliche

Tabelle 11.
Aminosäureeinbau in Zellkernproteine
(Werte als Imp/min/mg Protein/Std; Kalbsthymus-Zellkerne von 90%iger Reinheit; nach [47, 50])

Glycin-1-C^{14}	5
D,L-Alanin-1-C^{14}	50
D,L-Lysin-2-C^{14}	85
L-Methionin-S^{35}	280

Daten sind in Tab. 11 zusammengestellt; es besteht danach wenig Zweifel, daß auch der Zellkern zum Aminosäureeinbau imstande ist, obwohl die gemessenen Größen deutlich unterhalb derjenigen in Mikrosomen liegen. In schon längere Zeit zurückliegenden Versuchen haben wir außerdem das Vorkommen von Glutaminsäure-dehydrogenase und Transaminasen in isolierten Zellkernen beschrieben[52]; nimmt man also an, daß dem Zellkern α-Ketoglutarat, Ammoniak und DPNH hinreichend zur Verfügung stehen, so sollte er über alle nicht essentiellen Aminosäuren verfügen können. Allerdings stehen einige Beweise für die Gültigkeit der eben gemachten Annahmen noch aus; desgleichen fehlen jegliche Angaben darüber, in welchem Umfang aus dem Cytoplasma angelieferte Aminosäuren für Zwecke des Einbaues in Proteine in den Zellkern übertreten können. Zur Zeit spricht aber jedenfalls kein triftiger Grund gegen das Vorkommen des Aminosäure-einbaues in Zellkernproteine.

Analoges gilt für die Frage des *Nucleinsäureumsatzes* im Zellkern. Auf die für den DNS-Umsatz wichtigsten Probleme ist oben bereits eingegangen worden. Für die RNS gilt ganz allgemein (Übersicht bei [14]), daß die Zellkern-RNS im Vergleich mit anderen yctoplasmatischen RNS-Fraktionen die größte Einbaugeschwindigkeit für P^{32} hat (s. Tab. 12) und auch eine entsprechend steile

Abfallkurve. Erst in neuerer Zeit sind Befunde bekannt geworden, daß in bestimmten cytoplasmatischen RNS höhere Werte als in Zellkern-RNS gemessen werden können[61]. Die Relationen der

Tabelle 12. *P³²-Einbaugeschwindigkeit in RNS beim Kaninchen*
(Werte als spezifische Aktivität 2 Std. nach i.m. Injektion von P³²-Ortho-
phosphat; modifiziert nach [14])

	Zellkern-RNS	Cytoplasma-RNS
Niere	1300	250
Dünndarmschleimhaut	950	300
Milz	2200	350
Thymus	2200	340
Blinddarm	3800	850
Knochenmark	3900	900

spezifischen Aktivität der RNS in verschiedenen Zellfraktionen würden es theoretisch zulassen, die Zellkern-RNS als Vorstufe aller cytoplasmatischen RNS anzusehen. Die experimentelle Prüfung dieser Frage durch britische Forscher (Übersicht bei [14]) hat jedoch eindeutig gezeigt, daß eine Übertragung markierter RNS-Moleküle vom Zellkern in irgendeine Cytoplasmafraktion nicht nachgewiesen werden kann. Über die funktionelle Bedeutung dieses intensiven RNS-Umsatzes in Zellkernen kann daher noch keine Angabe gemacht werden.

Tabelle 13. *P³²-Einbau in isolierte Zellkerne*
(in vitro-Versuchsanordnung; Werte gleich Prozente der insgesamt eingebauten Radioaktivität in den einzelnen Zellkernbausteinen; modifiziert
nach [49])

Zellkerne der Schweineniere	100
Lipoide	11
RNS	56
DNS	2
Phosphoproteide	31

Umfangreiche Versuche im Mainzer Institut[49] haben gezeigt (s. Tab. 13 und Abb. 3), daß auch in vitro ein rascher *Einbau von radioaktivem Orthophosphat* in Zellkerne, speziell die RNS-Fraktion erfolgt. Wegen der generellen Bedeutung solcher Befunde sei auf die vorangehende Diskussion verwiesen; über die Wege, auf denen ein solcher Phosphateinbau vonstatten gehen könnte, herrscht noch Unklarheit, da nach Versuchen mit Zugabe von ATP, Fluorid, Dinitrophenol oder Phlorrhizin eine Beteiligung energiereicher Phosphate oder einer klassischen Phosphorylase wenig wahrscheinlich ist. Diese Ergebnisse waren für uns der Anlaß, zu untersuchen, wieweit dem Zellkern die Bildung von Pentosephosphaten möglich ist.

Sicher nachgewiesen im Zellkern ist das Vorkommen von Glucose-6-phosphat (s. später) und den in Tab. 14 zusammengestellten Enzymen[32, 53]. Bisher nicht untersucht ist die Frage, ob die Umwandlung von Xylulose-5-phosphat in Ribulose-5-phosphat in Zellkernen möglich ist; die allgemeine Erfahrung spricht jedoch dafür, daß auch diese Reaktion auffindbar sein wird. Demnach ist mit beträchtlicher Sicherheit anzunehmen, daß der Zellkern

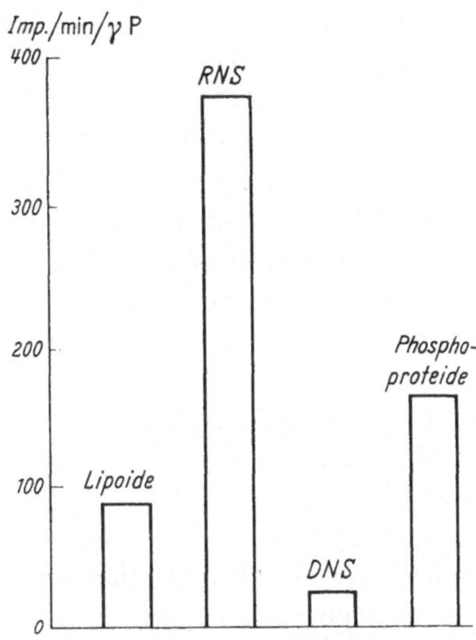

Abb. 3. Einbau von radioaktivem Orthophosphat in isolierte Schweinenieren-Zellkerne in vitro (nach [49])

selbst *Pentosephosphate* bilden kann und über die Nucleosidphosphorylase auch die benötigten Nucleoside aufzubauen in der Lage ist. Weitere Schritte auf dem Wege zur Nucleinsäuresynthese, vor allem also die Bildung von Phosphoribosylpyrophosphat

Tabelle 14. *Enzyme der Pentosephosphatbildung in isolierten Zellkernen* (Werte als μMole umgesetztes Substrat je mg Protein und Stunde; nach [32] und [53])

	Schweineniere		Rattenleber	
	Gewebe	Zellkerne	Gewebe	Zellkerne
Glucose-6-phosphat- Dehydrogenase	1,3	1,0	3,0	1,0
6-Phosphogluconat- Dehydrogenase	1,9	2,5	2,8	2,2
Phosphoriboisomerase . . .	4,1	3,8	4,0	3,8
Phosphoribomutase	0,6	0,7	0,9	1,1
Nucleosidphosphorylase . .	0,2	0,17	0,05	0,06

und den Di- und Triphosphaten der 5′-Reihe, sind bezüglich des Zellkerns bisher nicht untersucht worden.

ATP-Haushalt in Zellkernen

Aus Versuchen verschiedener Autoren und aus eigenen Experimenten, über die weiter unten berichtet wird, hat sich ergeben, daß im Zellkern die drei *Adeninnucleotide* in beträchtlicher Menge vorhanden sind. Damit stellt sich die Frage, welche Mechanismen der Bildung und des Verbrauchs im Zellkern nachweisbar sind. Isolierte Zellkerne enthalten eine beträchtliche *ATP-ase-Aktivität* (s. Tab. 15), was schon länger bekannt ist[5, 14]; man benutzt ja auch Zellkerne in bestimmten Versuchsanordnungen, z. B. mit Mitochondrien, direkt als ATP-ase-Quelle. Orientierende Versuche haben ergeben, daß mindestens 2, sehr wahrscheinlich 3 p_H-Optima der ATP-ase-Wirkung gefunden werden können, die bei etwa p_H 6,2, 7,4 und 9,2 liegen. Überraschenderweise sind diese p_H-Optima fast identisch mit den von Slater u. Mitarb.[54] für Lebermitochondrien-ATP-ase beschriebenen Werten. Slater hat seine Befunde mit der oxydativen Phosphorylierung in Mitochondrien in Zusammenhang gebracht, indem er annimmt, jedem dieser 3 p_H-Optima entspreche einer der 3 Phosphorylierungsschritte in der Atmungskettenphosphorylierung. Wir haben weiter gefunden, daß auch die Zellkern-ATP-ase durch 2,4-Dinitrophenol aktiviert werden kann[32], allerdings in geringerem Umfang (nur bis zu 100%) als die „latente" ATP-ase der Mitochondrien. Damit ergeben sich beträchtliche Analogien zwischen Zellkern- und Mitochondrien-ATP-ase. Nach den bisherigen Erfahrungen ist es jedoch nicht gut möglich, daraus weitere Schlüsse hinsichtlich der Identität des ATP-Stoffwechsels in Zellkernen und Mitochondrien zu ziehen.

Tabelle 15. *Adenosintriphosphatase und Myokinase in isolierten Zellkernen*
(Werte als μMole umgesetztes Substrat je Stunde; nach [32])

	Adenosintriphosphatase Aktivität		Myokinase Aktivität	
	je g Trockengewicht	je mg Protein	je g Trockengewicht	je mg Protein
Schweinenierengewebe	188	0,47	26 800	56
Extrahiertes Gewebe .	196	0,51	19 500	47
Zellkerne	129	0,35	4 300	21

Die übliche *Versuchsanordnung zur Messung der ATP-ase*
benutzt bekanntlich die Bestimmung von anorganischem Phosphat;
da in jedem Fall in Rohextrakten, wie sie meist zur Untersuchung
der Zellkern- und Mitochondrien-ATP-ase verwendet werden, auch
andere Enzyme vorkommen (z. B. Myokinase und 5'-Nucleotidase),
durch deren Zusammenwirken anorganisches Phosphat gebildet
werden kann, sind solche Phosphatanalysen zur Messung der
ATP-ase-Aktivität nur mit gewissen Vorbehalten deutbar. Wir
haben daher eine optische Methode der ATP-ase-Bestimmung
ausgearbeitet, bei der entstehendes ADP mit Hilfe des Pyruvat-
kinase-Milchsäuredehydrogenase-System erfaßt wird[55]. Bilanz-
untersuchungen an Zellkernrohextrakten und an gereinigtem
Myosin haben die Verwendbarkeit dieses optischen Testes bewiesen,
mit dessen Hilfe die oben in Tab. 15 angegebenen Werte der
ATP-ase-Aktivität ermittelt wurden. Bei diesem Test müssen
einige Besonderheiten beachtet werden, auf die hier nicht im
einzelnen eingegangen werden kann; sicher ist, daß die Ergebnisse
durch gleichzeitig vorhandene Myokinase nicht beeinträchtigt
werden, wie in Versuchen mit zugesetzter kristallisierter Myokinase
gefunden wurde.

Außer ATP-ase und Myokinase[32] sind auch noch weitere
ATP verbrauchende Systeme in Zellkernen nachweisbar; die in der
Glykolysekette tätigen Kinasen werden weiter unten in anderem
Zusammenhang besprochen. Ferner hat HOGEBOOM[57] beschrieben,
daß in den Zellkernen der Mäuseleber fast die gesamte Aktivität
des DPN synthetisierenden Enzyms vorkommt, ein Befund, der
inzwischen mehrfach bestätigt worden ist[58, 59]. Bisher niemals
aufgefunden sind dagegen aktivierende Systeme, wie sie für
Aminosäuren und Fettsäuren in den letzten Jahren eingehend
studiert worden sind. Jedenfalls geben aber die bisherigen Untersuchungen reichlich Hinweise auf Verbrauchsmöglichkeiten für
ATP im isolierten Zellkern.

Schwieriger zu beantworten ist die Frage nach den *Bildungs-
möglichkeiten von ATP* im Kern. Die Säugetierzelle verfügt
bekanntlich im wesentlichen über zwei Systeme, die oxydative
Phosphorylierung und die Substratphosphorylierung, von denen
die letztgenannte meist nur einen kleinen Bruchteil der gesamten
ATP-Bildung beisteuert. Von MIRSKY u. Mitarb.[47, 48] ist eine
oxydative Phosphorylierung in isolierten Zellkernen beschrieben

worden, wie oben schon kurz erwähnt wurde. Hierbei wurden isolierte Thymus-Zellkerne von etwa 90%iger Reinheit inkubiert und nach Enteiweißung die neutralisierten Perchlorsäureextrakte im Ameisensäure-System an Dowex chromatographiert. ATP wurde durch die Lage im Chromatogramm und durch die Ausmessung der optischen Eigenschaften im UV ermittelt; weitere Identifizierungen sind anscheinend nicht erfolgt. Diese Versuche sind in ihrer Ausdeutung seitens des Autors einer sehr erheblichen Kritik zugänglich, wie im folgenden dargelegt werden muß.

Abgesehen von den Unterschieden, die von MIRSKY zwischen seinem Zellkernsystem und den Mitochondrien anerkannt werden, muß bei MIRSKYs Versuchen noch auf folgende Punkte hingewiesen werden: Die ATP-Bildung geht auch bei $+2°C$ vonstatten, ohne daß ein veratembares Substrat, Orthophosphat oder ADP zugegeben werden. Zwar bedarf das System der Sauerstoffgegenwart, aber ein Sauerstoffverbrauch (oder ein Substratschwund) ist in keinem Falle gemessen worden. Desoxyribonuclease-Vorbehandlung verringert stark die ATP-Bildung, Zugabe einer hochmolekularen Nucleinsäure ergibt eine Reaktivierung. Während der ATP-Bildung nimmt anorganisches Phosphat zu. Alle diese Tatsachen stehen zwar zu der nach chromatographischer Analyse gefundenen ATP-Zunahme als solcher nicht in Widerspruch, machen es aber unmöglich, einen solchen Vorgang als oxydative Phosphorylierung zu bezeichnen; bei der Bedeutung, die das Auffinden einer oxydativen Phosphorylierung in Zellkernen hätte, müßte erwartet werden, daß Substratschwund, O_2-Verbrauch, ATP-Bildung und Abnahme von Orthophosphat sowie ADP gemessen werden und in der Bilanz vernünftige Relationen ergeben. Welche Mechanismen der Mirskyschen ATP-Bildung zugrunde liegen, kann daher erst die Zukunft zeigen.

Man kann z. B. daran denken, daß die Befunde durch ein besonders geartetes Zusammenwirken von Myokinase mit anderen Enzymen zu erklären seien. Aber es besteht genau so auch die Möglichkeit, daß hier eine gänzlich *neuartige Reaktion* vorliegt, denn die Untersuchung von isolierten Zellkernen hat schon in verschiedenen Fällen gezeigt, daß cytoplasmatische Enzymaktivitäten häufig so dominierend sind, daß andersgeartete Reaktionen in Zellkernen gänzlich überdeckt und erst nach Zellkernisolierung meßbar werden. Hierzu sei kurz auf orientierende

Versuche hingewiesen, bei denen eine bestimmte Proteinfraktion aus Zellkernen mit ADP und Mg^{++} zusammen inkubiert wurde. Die nachfolgende Analyse auf AMP, ADP, ATP und Orthophosphat ist in Abb. 4 wiedergegeben[32]. Der anfängliche, außerordentlich rasche ADP-Verbrauch ist sicherlich einer Myokinasewirkung

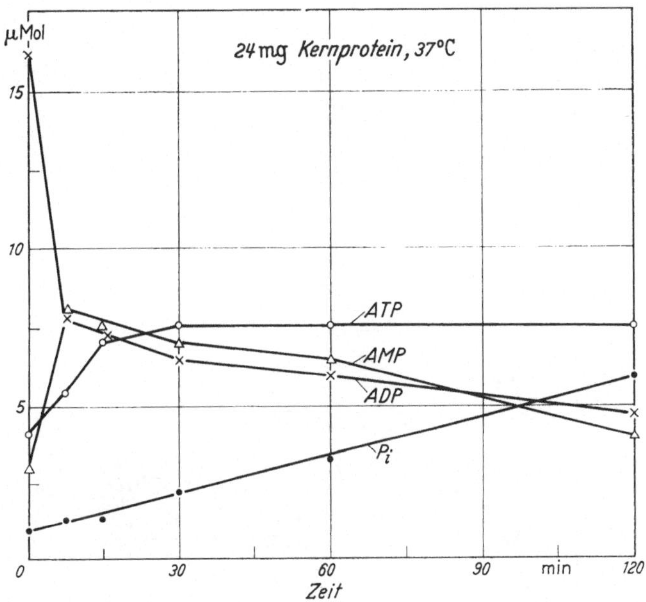

Abb. 4. Verhalten von ADP bei Inkubation mit einer Proteinfraktion aus isolierten Schweinenieren-Zellkernen[32]. O—O = ATP, ×—× = ADP, △—△ = AMP, ●—● = Orthophosphat

zuzuschreiben, da der AMP- und der ATP-Anstieg etwa gleichsinnig erfolgen. Die benutzte Proteinfraktion enthält Myokinase und daneben 5′-Nucleotidase, so daß die Zunahme an Orthophosphat durch eine AMP-Spaltung ohne weiteres erklärbar wird.

Erstaunlich dagegen und im Augenblick nicht zu deuten ist die Tatsache, daß das einmal gebildete ATP erhalten bleibt, während man doch annehmen müßte, daß es, entsprechend der langsamen Abnahme an AMP und ADP, ebenfalls wieder zurückgehen sollte. Da die ATP-Analysen sowohl im Hexokinase-Zwischenferment-System als auch im Phosphoglyceratkinase-Triosephosphatdehydrogenase-System zu den gleichen Resultaten führen, dürften methodische Fehlermöglichkeiten weitgehend

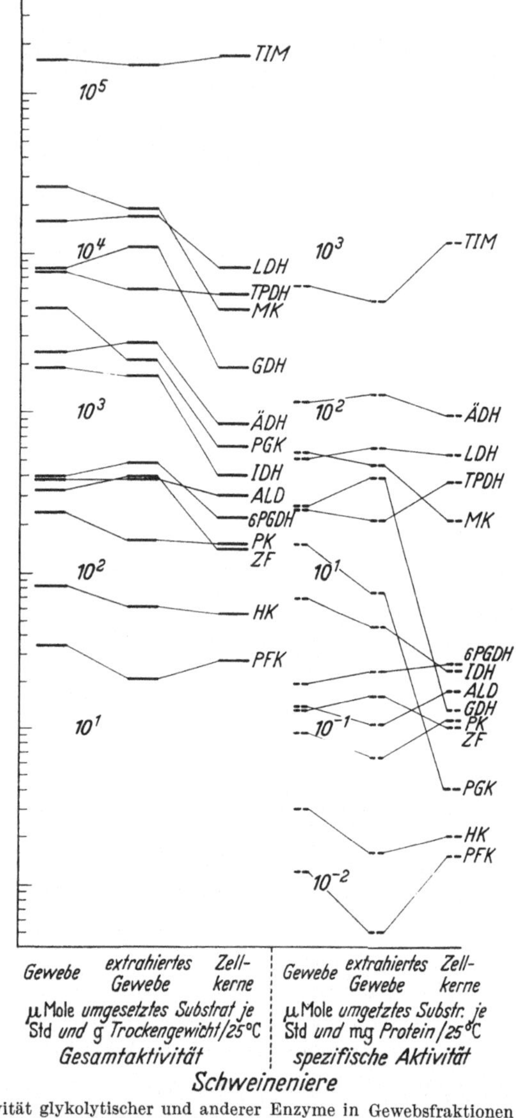

Abb. 5. Aktivität glykolytischer und anderer Enzyme in Gewebsfraktionen der Schweine-niere[32]. Gewebe = Vom Bindegewebe (gleich $^1/_3$ des Gewichts) abgesiebtes gefriergetrocknetes Gewebepulver (Schlachthofmaterial). Extrahiertes Gewebe = Erschöpfend mit den zur Zellkernisolierung benutzten Lösungsmitteln (Petroläther, Cyclohexan, Tetrachlorkohlen-stoff) extrahiertes Gewebepulver. *TIM* Triosephosphatisomerase, *MK* Myokinase, *LDH* Lacticodehydrogenase, *GDH* Glycerophosphatdehydrogenase, *TPDH* Triosephosphat-dehydrogenase, *PGK* Phosphoglyceratkinase, *ÄDH* Malicodehydrogenase, *IDH* Isocitrico-dehydrogenase, *6 PGDH* 6-Phosphogluconatdehydrogenase, *ALD* Aldolase, *ZF* Glucose-6-phosphatdehydrogenase, *PK* Pyruvatkinase, *HK* Hexokinase, *PFK* Phosphofructokinase

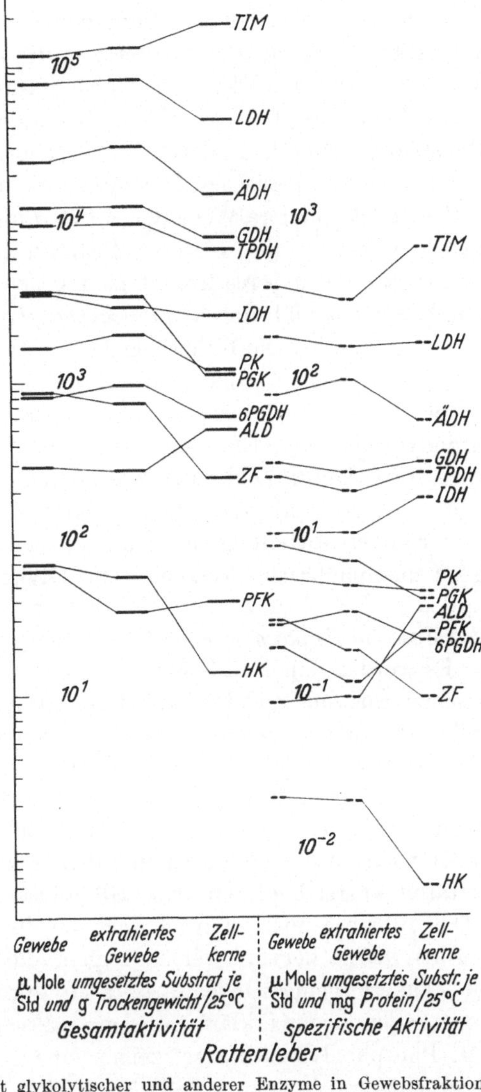

Abb. 6. Aktivität glykolytischer und anderer Enzyme in Gewebsfraktionen der Rattenleber[32]. Gewebe = Vom Bindegewebe (gleich $^1/_3$ des Gewichts) abgesiebtes gefriergetrocknetes
Gewebepulver (in Äthernarkose blutfrei gespülte Organe). Extrahiertes Gewebe = Erschöpfend mit den zur Zellkernisolierung benutzten Lösungsmitteln (Petroläther, Cyclohexan, Tetrachlorkohlenstoff) extrahiertes Gewebepulver. *TIM* Triosephosphatisomerase,
LDH Lacticodehydrogenase, *ÄDH* Malicodehydrogenase, *GDH* Glycerophosphatdehydrogenase, *TPDH* Triosephosphatdehydrogenase, *IDH* Isocitricodehydrogenase, *PK* Pyruvatkinase, *PKG* Phosphoglyceratkinase, *6 PGDH* 6-Phosphogluconatdehydrogenase, *ALD*
Aldolase, *ZF* Glucose-6-phosphatdehydrogenase, *PFK* Phosphofructokinase, *HK* Hexokinase

ausgeschaltet sein. Die hier beschriebene Reaktion ist wahrscheinlich nicht ohne weiteres mit Mirskys Befunden vergleichbar, da Mirsky mit intakten Zellkernen gearbeitet und die Abhängigkeit seiner Reaktion von hochmolekularen Nucleinsäuren gefunden hat. Jedenfalls folgt aus der bisherigen Diskussion, daß eine oxydative Phosphorylierung in isolierten Zellkernen im Sinne der weitgehend akzeptierten klassischen Definition nicht vorkommt, daß aber möglicherweise andere Wege der *ATP-Bildung* bzw. der *ATP-Erhaltung* existieren, die weiterer Bearbeitung bedürfen.

Eindeutig bewiesen ist unseres Erachtens dagegen die Möglichkeit der Entstehung von ATP durch *Substratphosphorylierung* bei der Glykolyse im Zellkern. Die bisherigen Daten über die glykolytischen Prozesse im Zellkern sind spärlich, da sie sich nur auf wenige Enzyme beziehen (Triosephosphatdehydrogenase, Glycerophosphatdehydrogenase, Enolase, Aldolase[5, 31, 56, 62]) und zudem teilweise an Pflanzen-Zellkernen[60] gewonnen worden sind, die man nicht ohne Not mit tierischen Zellkernen gleichsetzen sollte. In einer früheren Mitteilung aus dem Mainzer Laboratorium war auch über manometrische Versuche zur Glykolysemessung berichtet worden[56]. Der Schluß mancher Autoren, daß die Existenz der *Glykolyse im Zellkern* gesichert sei, schien jedoch überprüfenswert. Es wurden daher an Schweineniere und Rattenleber die glykolytischen Enzyme getestet, wobei Ausgangsgewebe, mit Lösungsmitteln extrahiertes Gewebe und Zellkerne verglichen wurden[32]. Die erhaltenen Ergebnisse sind in den Abb. 5 u. 6 wiedergegeben. Die Resultate zeigen, daß es zwar Unterschiede im Enzymgehalt zwischen Gesamtgewebe und Zellkernen gibt (nach oben oder nach unten), daß aber in jedem Falle die gefundenen Aktivitäten ausreichen, um eine Glykolyse im Zellkern zuzulassen. Dies geht besonders deutlich auch aus den Werten der spezifischen Aktivitäten hervor, welche zeigen, daß in keinem Falle die im Zellkern gemessenen Aktivitäten durch cytoplasmatische Verunreinigungen erklärt werden müssen. Einzelne Enzyme, z. B. Phosphoglyceratkinase, zeigen eine gewisse Empfindlichkeit gegenüber den zur Zellkernisolierung benutzten organischen Lösungsmitteln, so daß ausgeprägt niedrige Werte im Zellkern dadurch erklärt werden können. Eine Ausnahme macht jedoch die Glycerophosphatdehydrogenase der Schweineniere; verglichen mit der Milchsäuredehydrogenase ist die Aktivität sehr hoch, wie es für intensiv atmende Gewebe charakteristisch ist; im Zellkern jedoch sinkt die Glycerophosphatdehydrogenase auf Werte ab, die nach Gesamt- und spezifischer Aktivität kaum mehr als signifikant angesehen werden können. Ob dies damit zusammenhängt, daß aerobe Prozesse im Zellkern fehlen, kann jedoch nicht ohne weiteres entschieden werden, da ein gleichsinniges Verhalten in der Rattenleber fehlt.

Schon verschiedentlich und z. T. vor längerer Zeit ist diskutiert worden, ob im Zellkern vorhandene Enzyme dort auch die entsprechenden Substrate vorfinden, d. h. dort auch in Tätigkeit treten können, oder ob man nach irgendwelchen anderen Erklärungsmöglichkeiten für das Vorkommen von Enzymen im Zellkern suchen muß. Dies ist eine Frage, die man eigentlich für alle bisher im Zellkern beschriebenen Enzyme stellen kann, und die wir im Falle der glykolytischen Enzyme experimentell zu prüfen versucht haben, wobei sich herausgestellt hat, daß es sicherlich keiner kühnen Hilfshypothesen über das Vorkommen von Enzymen im Zellkern bedarf: Wie aus Abb. 7 zu ersehen, sind alle untersuchten *Substrate im Zellkern* in einer dem

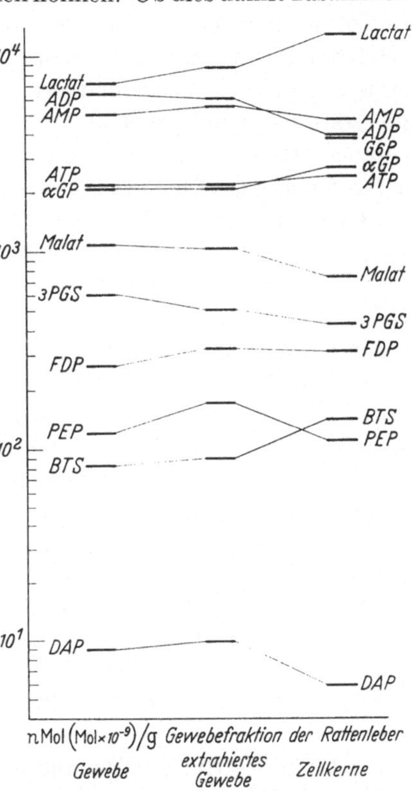

Abb. 7. Substratspiegel in Gewebsfraktionen der Rattenleber[32]. Gewebe = Vom Bindegewebe (gleich ¹/₃ des Gewichts) abgesiebtes gefriergetrocknetes Gewebepulver (in Äthernarkose durch Einfrieren in situ gewonnene Organe). Extrahiertes Gewebe = Erschöpfend mit den zur Zellkernisolierung benutzten Lösungsmitteln (Petroläther, Cyclohexan, Tetrachlorkohlenstoff) extrahiertes Gewebepulver. *ADP* Adenosindiphosphat, *AMP* Adenosin-5'-monophosphat, *ATP* Adenosintriphosphat, *G6P* Glucose-6-phosphat, α*GP* α-Glycerophosphat. *3 PGS* 3-Phosphoglycerinsäure, *FDP* Fructose-1,6-diphosphat, *PEP* Phosphoenolbrenztraubensäure, *BTS* Brenztraubensäure, *DAP* Dihydroxyacetonphosphat. Die Werte für DAP liegen an der unteren Grenze der methodischen Erfaßbarkeit. Die Werte für G6P sind aus methodischen Gründen für Gewebe und extrahiertes Gewebe unsicher und daher hier nicht aufgeführt

Gesamtgewebe vergleichbaren, wenn auch gelegentlich etwas abweichenden Konzentration vorhanden. Diese Messungen wurden an Zellkernen vorgenommen, die aus Rattenlebern nach in vivo-Einfrierung (Äthernarkose) des Gewebes isoliert wurden. Die Tiere haben 24 Std. vor Tötung gefastet. Aus Gründen, die vermutlich in den Bedingungen der Gefriertrocknung des Gewebes und der Isolierung der Zellkerne liegen, sind die gefundenen Absolutwerte der analysierten Substrate nicht in allen Fällen mit den bei gefütterten Tieren erhaltenen Daten vergleichbar. Dies äußert sich besonders erheblich in den Quotienten Dihydroxyacetonphosphat: α-Glycerophosphat und Pyruvat: Lactat sowie auch AMP: ADP: ATP, die gegenüber der „Norm" deutlich verschieden sind. Die Möglichkeit eines Vergleichs der jeweiligen Substratkonzentrationen in den verschiedenen Zellfraktionen untereinander wird jedoch dadurch in keiner Hinsicht beeinträchtigt, und es ist aus den Versuchen der Schluß zu ziehen, daß die Zellkerne hinsichtlich des Substratbestandes an glykolytischen Zwischenprodukten durchaus mit dem Gesamtgewebe verglichen werden können; in dem hier untersuchten Material treten Abweichungen von der Norm[63] lediglich in Richtung auf eine Anaerobiose auf.

Aus dem kinetischen Ablauf der ATP-Bestimmung in Zellkernextrakten (nicht jedoch in anderen Zellfraktionen) muß gefolgert werden, daß außer ATP noch *andere 5'-Triphosphate* in meßbarer Konzentration vorhanden sind. Über deren Natur kann aber noch nichts ausgesagt werden.

Die weitgehende Gleichmäßigkeit der Substratspiegel in Gewebe und Zellkern muß auch hinsichtlich der Möglichkeit von *Artefakten* diskutiert werden, die ein Vorkommen der Substrate im Zellkern lediglich vortäuschen. Es wäre denkbar, daß die bei der Gefriertrocknung eintretende Zerreißung der Zellen durch Eiskristalle zu Verschiebungen der Substrate im Sinne eines Ausgleichs der Konzentrationen in Cytoplasma und Zellkern führt; dem Vortragenden scheint jedoch das evtl. Mitwirken von Diffusionseffekten nicht ausreichend zu sein, um damit allein das Vorkommen der Glykolyse-Substrate im Zellkern zu erklären. Bei solchen Überlegungen muß wohl auch bedacht werden, daß es hinsichtlich der Coenzyme, Enzyme u. a. Verbindungen so große Konzentrationsunterschiede zwischen Zellkern und Cytoplasma gibt, daß nicht einzusehen ist, wieso solche (evtl. vorhandenen)

Differenzen ausgerechnet bei den Glykolyse-Substraten infolge der Zellkerndarstellung verschwinden, bei anderen Substanzen jedoch erhalten bleiben sollen.

Nimmt man die Ergebnisse der Enzym- und der Substrat-Bestimmungen zusammen, so folgt also aus ihnen, daß eine Glykolyse tatsächlich in Zellkernen abläuft, mit allen Konsequenzen hinsichtlich der Bereitstellung von *Energie und Zwischenprodukten für Biosynthesen*. In diesem Punkte dürfte daher das Bild über Stoffwechselpotenzen isolierter Zellkerne nunmehr weitgehend klar sein. Die erhaltenen Daten zeigen auch, daß die beiden wesentlichen TPNH-bildenden Enzymsysteme der Zelle (Zwischenferment und Isocitricodehydrogenase) in etwa gleich großer Aktivität im Zellkern wie im übrigen Gewebe vorkommen. Welche Aufgaben DPNH und TPNH bei Biosynthesen auch haben mögen, neben den Zwischenprodukten der Glykolyse stehen dem Zellkern offenbar auch die hydrierten Pyridinnucleotide zur Verfügung.

Eine weitere wesentliche Quelle von Bausteinen für biosynthetische Prozesse ist der *Citronensäurecyclus*. Hier sind die Daten bezüglich des Zellkerns noch recht spärlich, doch folgt zumindest aus dem Vorhandensein von Malat und Malicodehydrogenase, daß Oxalacetat zur Verfügung stehen dürfte; da auch Isocitricodehydrogenase in beträchtlicher Aktivität gefunden wird, ist nach den bisherigen Erfahrungen die Annahme nicht unberechtigt, daß auch α-Ketoglutarat verfügbar ist. Zusammen mit der früher nachgewiesenen Glutaminsäuredehydrogenase und den Transaminasen ist damit für isolierte Zellkerne auch die Entstehungsmöglichkeit von Aminosäuren gegeben. Faßt man daher unsere Kenntnisse über biosynthetische Prozesse im Zellkern zusammen, so sind die zu Pentosephosphaten und die zu Aminosäuren führenden Wege als ziemlich sicher bewiesen anzunehmen. Unbekannt (und auch aus Stoffwechselexperimenten ohne gleichzeitige Enzymmessungen nicht ableitbar) ist, wieweit eine Biosynthese von Purinen und Pyrimidinen und von Lipiden im Zellkern ablaufen kann. Bekannt dagegen ist wiederum die ATP-Bildung. Man möchte daher annehmen, daß biosynthetischen Leistungen des Zellkerns keine wesentlichen Hindernisse im Wege stehen. Ob sich solche Prozesse auffinden lassen und ob daraus Zusammenhänge mit der Zellkernfunktion ableitbar sind, kann jedoch erst die weitere Arbeit lehren.

Schlußdiskussion

Am Beispiel der zuletzt erörterten Befunde über Enzyme und Substrate der Glykolyse seien noch einige weitere Gedankengänge erläutert. Es ist, besonders beim Vergleich der Daten zwischen Leber und Niere, deutlich, daß der Zellkern eher die Gewebeart, aus der er stammt, widerspiegelt, als daß er stärker *zellkern- spezifische Eigenheiten* aufweist, die er mit Zellkernen aus anderen Geweben gemeinsam hätte. Die Spezifität des Verteilungsmusters der Enzyme in verschiedenen Organen trifft man also beim Verteilungsmuster in den betreffenden Zellkernen wieder. Dies wirft grundsätzliche Probleme auf: Gibt die Gewebe-Eigenart bereits einen Hinweis auf die Art der Zellkernfunktion? Ist also ein mehr oder weniger vollständiges Wechselspiel zwischen Zell- kern und Zelle zu erwarten, oder hat der Zellkern weitgehend ein Eigenleben?

Nach den Angaben der Cytologen existiert im Augenblick der Zellteilung keine Kernmembran, und zumindest in dieser Zeit wäre also eine Durchmischung von *Cytoplasma- und Zellkern- Inhalt* möglich. In weiteren Untersuchungen wird man zu klären versuchen müssen, ob sich z. Z. der Teilungsruhe, wenn eine Kernmembran morphologisch deutlich ausgebildet ist, womöglich Unterschiede zwischen Zellkern und Cytoplasma herausbilden, deren Ausgleich erst bei der nächsten Zellteilung möglich wäre. Interessant wäre es wohl auch, festzustellen, ob sich funktionelle Änderungen des Enzym- oder Substratbestandes der Zelle im Bestand des Zellkerns an diesen Substanzen widerspiegeln oder nicht.

Im Augenblick wird man jedenfalls eine gewisse Vorsicht walten lassen müssen, ehe man dem Zellkern allzu stark ein biochemisches Eigenleben zuschreibt, weil verschiedene Tatsachen für das intensive Wechselspiel zwischen Zellkern und Cytoplasma sprechen. Welche Rolle unter diesen Aspekten die zweifellos vorhandene Stabilität des Chromosomenmaterials spielt, bleibt offen, wie überhaupt die Frage der *Genwirkung*, speziell der evtl. Biosynthese von Informationsträgern oder Regulationsmitteln, noch gänzlich unbeantwortet bleiben muß. Wenn auch die Ein Gen-Ein Enzym-Hypothese heute als die beste Erklärungs- möglichkeit der vorhandenen Beobachtungen angesehen werden kann, sind doch sehr viele Probleme ungelöst, und für den mit tierischem Material arbeitenden Forscher entsteht immer wieder die Verlockung, auf Mikroorganismen als Versuchsobjekte überzugehen, bei denen viele Verhältnisse durchsichtiger sind als bei tierischen Zellen. Damit wäre dann allerdings schon der Anschluß an andere Referate dieses Symposions erreicht.

Literatur

[1] FELIX, K.: Vortrag Kongr. Physiol. Chem. Basel, Sept. 1957.

[2] BRACHET, J.: Biochemical Cytology. New York 1957.

[3] BIESELE, J. J.: Mitotic Poisons and the Cancer Problem. Amsterdam, Houston, London, New York 1958.

[4] WILLIAMS, H. H., M. KAUCHER, A. J. RICHARDS, E. Z. MOYER and G. R. SHARPLESS: J. biol. Chem. **160**, 227 (1945).

[5] LANG, K., u. G. SIEBERT: Die chemischen Leistungen der morphologischen Zellelemente; in FLASCHENTRÄGER-LEHNARTZ, Physiologische Chemie. Bd. 2, Teil 1 b, S. 1064. Berlin-Göttingen-Heidelberg 1954.

[6] VENDRELY, R., et C. VENDRELY: Experientia (Basel) **4**, 434 (1948); **5**, 327 (1949). — LEUCHTENBERGER, C., R. VENDRELY and C. VENDRELY: Proc. nat. Acad. Sci. (Wash.) **37**, 33 (1951).

[7] DAVIDSON, J. N., I. LESLIE and J. C. WHITE: Lancet **1951**, 1287. — THOMSON, R. Y., F. C. HEAGY, W. C. HUTCHINSON and J. N. DAVIDSON: Biochem. J. **53**, 460 (1953).

[8] BASS, A. D., and C. E. DUNN: Proc. Soc. exp. Biol. Med. (N. Y.) **96**, 175 (1957).

[9] VENDRELY, R.: In CHARGAFF-DAVIDSON, Nucleic Acids, Bd. 2, S. 155. New York 1955.

[10] CHARGAFF, E., C. F. CRAMPTON and R. LIPSHITZ: Nature (Lond.) **172**, 289 (1953). — CRAMPTON, C. F., R. LIPSHITZ and E. CHARGAFF: J. biol. Chem. **211**, 125 (1954).

[11] LUCY, J. A., and J. A. V. BUTLER: Nature (Lond.) **174**, 32 (1954).

[12] BACKMANN, R., u. E. HARBERS: Biochim. biophys. Acta **16**, 604 (1955).

[13] FRICK, G.: Biochim. biophys. Acta **19**, 352 (1956).

[14] SIEBERT, G., and R. M. S. SMELLIE: Int. Rev. Cytol. **6**, 383 (1957).

[15] DAOUST, R., C. P. LEBLOND, N. J. NADLER and M. ENESCO: J. biol. Chem. **221**, 727 (1956).

[16] KIHARA, H. K., M. AMANO and A. SIBATANI: Biochim. biophys. Acta **21**, 489 (1956).

[17] THOMSON, R. Y., J. PAUL and J. N. DAVIDSON: Biochim. biophys. Acta **22**, 581 (1956).

[18] HECHT, L. I., and V. R. POTTER: Cancer Res. **16**, 988 (1956).

[19] UI, N.: Bull. chem. Soc. Japan **27**, 392 (1954); Biochim. biophys. Acta **25**, 493 (1957).

[20] DAVISON, P. F., and J. A. V. BUTLER: Biochim. biophys. Acta **15**, 439 (1954).

[21] DALY, M. M., and A. E. MIRSKY: J. gen. Physiol. **38**, 405 (1955).

[22] BIJVOET, P.: Biochim. biophys. Acta **25**, 502 (1957).

[23] LUCK, J. M., H. A. COOK, N. T. ELDRIDGE, M. I. HALEY, D. W. KUPKE and P. S. RASMUSSEN: Arch. Biochem. **65**, 449 (1956).

[24] DAVISON, P. F.: Biochem. J. **66**, 708 (1957).

[25] PHILLIPS, D. M. P.: Biochem. J. **68**, 35 (1958).

[26] FELIX, K., H. FISCHER and A. KREKELS: Progr. Biophys. biophys. Chem. **6**, 1 (1956).

[27] VENDRELY, C., A. KNOBLOCH et R. VENDRELY: Biochim. biophys. Acta **19**, 472 (1956).

[28] KNOBLOCH, A., and R. VENDRELY: Nature (Lond.) **178**, 261 (1956).

[29] CRAMPTON, C. F.: J. biol. Chem. **227**, 495 (1957).

[30] DAVISON, P. F.: Biochem. J. **66**, 703 (1957).

[31] ALLFREY, V. G., A. E. MIRSKY and H. STERN: Adv. Enzymol. **16**, 411 (1955).

[32] SIEBERT, G.: Unveröffentlicht.

[33] BARROWS, C. H. JR., and B. F. CHOW: Proc. Soc. exp. Biol. Med. (N. Y.) **95**, 517 (1957).

[34] SIEBERT, G., K. LANG u. H. LANG: Biochem. Z. **321**, 543 (1950/51).

[35] STERN, H., and S. TIMONEN: J. gen. Physiol. **38**, 41 (1955).

[36] LANG, K., G. SIEBERT, S. LUCIUS u. H. LANG: Biochem. Z. **321**, 538 (1950/51).

[37] MAYNARD, L. S., and G. C. COTZIAS: J. biol. Chem. **214**, 489 (1955).

[38] GRISWOLD, R. L., and N. PACE: Exp. Cell Res. **11**, 362 (1956). — BERGER, M.: Biochim. biophys. Acta **23**, 504 (1957).

[39] ITOH, S., and S. L. SCHWARTZ: Nature (Lond.) **178**, 494 (1956).

[40] THIERS, R. E., and B. L. VALLEE: J. biol. Chem. **226**, 911 (1957).

[41] LANG, K., u. G. SIEBERT: Aufarbeitung von Geweben und Zellen; in HOPPE-SEYLER/THIERFELDER, Handbuch der physiologisch- und pathologisch-chemischen Analyse. 10. Aufl. Bd. 2, S. 537. Berlin-Göttingen-Heidelberg 1955.

[42] SIEBERT, G., G. JUNG u. K. LANG: Biochem. Z. **326**, 464 (1955).

[43] WATSON, M. L.: Biochim. biophys. Acta **15**, 475 (1954); J. biophys. biochem. Cytol. **1**, 257 (1955).

[44] HOGEBOOM, G. H., E. L. KUFF and W. C. SCHNEIDER: Int. Rev. Cytol. **6**, 425 (1957).

[45] EICHEL, H. J.: J. biophys. biochem. Cytol. **3**, 397 (1957).

[46] RUBINSTEIN, D., and O. F. DENSTEDT: Canad. J. Biochem. Physiol. **32**, 548 (1954).

[47] MIRSKY, A. E., S. OSAWA and V. G. ALLFREY: Cold Spring Harb. Symp. quant. Biol. **21**, 49 (1956).

[48] ALLFREY, V. G., and A. E. MIRSKY: Proc. nat. Acad. Sci. (Wash.) **43**, 589 (1957).

[49] SIEBERT, G., K. LANG, S. LUCIUS u. G. ROSSMÜLLER: Biochem. Z. **324**, 311 (1953).

[50] LANG, K., H. LANG, G. SIEBERT u. S. LUCIUS: Biochem. Z. **324**, 217 (1953). — FICQ, A., et M. ERRERA: Exp. Cell Res. **14**, 182 (1958).

[51] ALLFREY, V. G., A. E. MIRSKY and S. OSAWA: J. gen. Physiol. **40**, 451 (1957).

[52] SIEBERT, G., K. LANG, L. MÜLLER, S. LUCIUS, E. MÜLLER u. E. KÜHLE: Biochem. Z. **323**, 532 (1953).

[53] LANG, K., u. K.-U. HARTMANN: Experientia (Basel) **14**, 130 (1958).

[54] MYERS, D. K., and E. C. SLATER: Biochem. J. **67**, 558 (1957).

[55] FISCHER, F., u. G. SIEBERT: Unveröffentlicht.

[56] LANG, K., u. G. SIEBERT: Biochem. Z. **322**, 196 (1951/52).

[57] HOGEBOOM, G. H., and W. C. SCHNEIDER: J. biol. Chem. **197**, 611 (1952).

[58] BALTUS, E.: Biochim. biophys. Acta **15**, 263 (1954).

[59] BRANSTER, M. V., and R. K. MORTON: Biochem. J. J. **63**, 640 (1956).

[60] STERN, H., and A. E. MIRSKY: J. gen. Physiol. **36**, 181 (1953).

[61] SACKS, J., and K. D. SAMARTH: J. biol. Chem. **223**, 423 (1956).

[62] ROODYN, D. B.: Biochem. J. **64**, 361, 368 (1956); Biochim. biophys. Acta **25**, 129 (1957).

[63] BÜCHER, T.: Persönliche Mitteilung.

Diskussion

Diskussionsleiter: Prof. KRAUT

Wir müssen Herrn SIEBERT ganz besonders dankbar sein für die kritischen Worte am Schluß, die vor vorschneller Deutung der erhaltenen Ergebnisse warnen. Ich möchte nun die Diskussion eröffnen und bitte um Wortmeldungen.

BIELIG (Heidelberg): Es fiel mir auf, daß unter Bestandteilen, die nicht in den Zellkernen vorkommen, eine Reihe von Metallverbindungen waren, also Xanthin-oxydase, Cytochrom c u. a., und ich wollte fragen, ob man im Zellkern überhaupt nennenswerte Mengen an Schwermetallen findet?

SIEBERT (Mainz): Es gibt nur sehr wenige Angaben in der Literatur, und die ausführlichste Arbeit, von WILLIAMS und Mitarbeitern, betrifft leider sehr unreine Zellkernpräparationen, so daß die analytischen Angaben nicht voll verwertet werden können. Einige vorläufige Messungen zeigen, daß die Werte etwa um den Faktor 10 tiefer liegen für Eisen, Kupfer, Zink und Molybdän. Aber es sind wirklich nur ganz vorläufige Daten. Ich hoffe, daß wir in absehbarer Zeit mehr wissen. Es gibt übrigens auch Arbeiten über das Vorkommen von Hämoglobin in Leberzellkernen von BONNICHSEN und Mitarbeitern.

CREMER (Gießen): Wenn ich Sie recht verstanden habe, dann haben Sie gesagt, daß die Konzentration an den untersuchten Vitaminen in der Größenordnung von 10% des Gewebes liegt, und daß Sie daraus schlossen, daß es sich hierbei nur um Verunreinigungen handelt und eine nachweisbare Vitaminkonzentration nicht vorliegt. Spricht aber nicht die von Ihnen erwähnte Fermentaktivität, die in etwa gleicher Größenordnung vorliegt wie im Gewebe, dafür, daß Vitamine doch als Co-Fermente im Zellkern vorhanden sind?

SIEBERT: Die mir bekannten Untersuchungen über Vitamine in Zellkernen sind Gesamtvitaminanalysen, d. h. also freies Vitamin plus Coenzym. Und man muß auf Grund der Untersuchungen von SCHNEIDER annehmen,

daß zumindest in der Mäuseleber, dem Seeigel und der lactierenden Milch-
drüse die DPN-Synthese weitgehend im Zellkern lokalisiert ist. Über DPN
dürfte also der Zellkern verfügen. Analysen auf Panthotensäure, Biotin,
Thiamin und auch insbesondere Flavin usw. weisen eigentlich allein die
entgegengesetzte Richtung. Wirklich gründlich ist das nie durchuntersucht
worden, entweder hat man gewisse Bedenken gegen die Methodik der
Vitamin- plus Coenzymanalysen oder gewisse Einwendungen gegen die
Methodik der Zellkernisolierung.

Albert (Düsseldorf): Ich möchte fragen, wie rein Ihre Zellkernfrak-
tionen sind und ob nicht andere Zellelemente für die von Ihnen gefundenen
Fermente verantwortlich gemacht werden können?

Siebert: Die mikroskopische Kontrolle bei der Isolierung, das Sedimen-
tationsverhalten und vor allem die DNS-Analysen am Ausgangsmaterial und
am Zellkernpulver geben uns Hinweise, wie rein unser Material ist. Es kommt
hinzu, daß wir mit einer Ausbeute auf Grund von DNS-Bilanzen von
15—25% an Zellkernen arbeiten, d. h. ganz beträchtliche Mengen immer
wieder mit den Cytoplasmafraktionen verwerfen, weil nur so befriedigende
Reinheit gewährleistet werden kann. Ich halte es beim Arbeiten in nichtwäßrigen Medien für ganz unwahrscheinlich, was beim Arbeiten in wäßrigen
Medien leichter der Fall ist, daß Mitochondrien in beträchtlichem Umfange
mit hineingeraten. Es würde bedeuten, daß die Mitochondrien, die für die
Enzymaktivitäten verantwortlich wären, mindestens 10mal spezifisch
aktiver sein sollten in ihrer Enzymausstattung, wenn sie die Ursache der
Kernaktivität sind, als das Gesamtgewebe. Das trifft sicher für die glykolytischen Enzyme nicht zu, das sind keine mitochondrialen Enzyme.

Rapoport (Berlin): Sie besprachen die Enzyme des glykolytischen
Cyclus und auch die Anwesenheit von Zwischensubstraten. Wie sieht nun
die gesamtglykolytische Fähigkeit Ihrer Kerne aus? Wie groß ist die
Milchsäurebildung in Gegenwart von Glucose, Glucose-6-phosphat oder
Hexose-1,6-phosphat, verglichen mit der Kapazität der Zelle? Und eine
zweite Frage: War beim Phosphateinbau in die verschiedenen Fraktionen
des Kerns Anaerobiose ein hemmender Faktor oder nicht?

Siebert: Anaerobiose macht gar nichts, der Phosphateinbau geht glatt
und unverändert vonstatten. Gesamtglykolysemessungen, also z. B.
manometrisch, haben wir vor vielen Jahren einmal an Rattenleberzellkernen
durchgeführt, die in wäßrigen Medien isoliert wurden, wobei man aber,
um die Glykolyse messen zu können, den Rohrzucker mit destilliertem
Wasser auswaschen muß. Zwar ist dann eine anaerobe Glykolyse noch
deutlich meßbar, aber man wird solche Messungen mit isolierten Enzymdaten an nichtwäßrigen Kernen nicht vergleichen können. Es gibt weiterhin
noch eine Arbeit aus dem Mirskyschen Laboratorium über die anaerobe
Glykolyse in Zellkernen aus keimendem Weizen. **Mirsky** hat auch einen
eindeutigen manometrischen Effekt gemessen.

Rapoport: Ich möchte vor allem Bemerkungen machen, die sich aus
den besonderen Eigenschaften der roten Blutkörperchen ergeben. Hier
liegen zwei besondere Bedingungen vor, die zu vergleichen sehr interessant
ist: Erstens die kernlosen Erythrocyten und zweitens das sehr seltene

Beispiel der homogenen Zellpopulation der kernhaltigen Erythrocyten. Das erste ist: Die DPN-Bildung kann man in kernlosen Erythrocyten nachweisen, das ist vor längerer Zeit gemacht worden, und wir konnten das auch bestätigen; die Annahme, daß die DPN-Synthese ausschließlich im Zellkern stattfindet, was SCHNEIDER im Leberkern fand, trifft sicher für Erythrocyten nicht zu. Es ist eine Warnung gegen solche Verallgemeinerungen. Das zweite betrifft die Angabe von RUBINSTEIN und DENSTEDT, die schildern, daß die Atmung im Zellkern der Erythrocyten lokalisiert ist. Die Methode, die angewandt wurde, erlaubt nicht, Stroma vom Zellkern abzutrennen.

SIEBERT: Es gibt ganz alte Messungen von WARBURG aus der Zeit vor dem ersten Weltkrieg mit Gänseerythrocyten, in denen die Atmung in den Kernen gefunden wurde, und es gibt weiterhin Daten von Forschern, die primär an Malariaparasiten interessiert sind, welche ebenfalls darauf hinweisen, daß das Atmungssystem der Erythrocyten offenbar in den Zellkernen lokalisiert ist.

RAPOPORT: Die Kerne liegen in einem Netzwerk, in dessen Maschen sich die Mitochondrien befinden, und wir kennen keine gute Methode, sie befriedigend zu trennen.

Die Enzyme, die Sie fanden, also alle glykolytischen Enzyme und eine Anzahl der Hydrolasen, sind eigentlich eher cytoplasmatisch. Daraus, auch im Zusammenhang mit der Porosität des Zellkerns, erhebt sich die Frage, ob nicht der Zellkern durchtränkt ist mit Cytoplasma. In diesem Zusammenhang möchte ich besonders auf das Hämoglobin eingehen. Ich glaube, es spricht doch sehr viel dafür (Untersuchungen von THEORELL u. a.), daß der Zellkern bei der Erythropoese sowohl des Säugetiers als auch bei den Tieren, die kernhaltige Erythrocyten haben, von Hämoglobin durchtränkt ist.

FISCHER (Frankfurt a. M.): Eine kurze Bemerkung zur Porosität von Zellkernen: In Ihrem Vortrag haben Sie auch über die Hemmung bestimmter Fermente durch Farbstoffe berichtet. Diese Farbstoffe sind basisch, da man mit ihnen die Nucleinsäuren im Zellkern anfärben kann. In diesem Zusammenhang darf ich daran erinnern, daß die von uns untersuchte cytotoxische Wirkung von Protaminen und Histon darauf beruht, daß diese basischen Proteine mit relativ niedrigem Molekulargewicht in die Zelle und mit großer Wahrscheinlichkeit in den Zellkern eindringen. Prof. SANDRITTER konnte dies erst kürzlich durch mikro-spektrophotometrische Auswertung der Fast-green-Färbung von protaminbehandelten Asciteszellen bestätigen. Farbstoffe und relativ niedermolekulare basische Proteine können demnach ungehindert die Kernmembran passieren.

SIEBERT: Mir sind Ihre Untersuchungen über die basischen Proteine gut bekannt, und ich glaube, sie deuten wohl in die gleiche Richtung wie das Verhalten der basischen Farbstoffe.

FELIX: Eine kurze Frage an Herrn SIEBERT: Viele Zellkerne, besonders die somatischen Zellkerne, enthalten Kernkörperchen. Hat man irgendeine Ahnung, wie sich die Bestandteile, die in den Zellkernen enthalten sind, auf die Kernkörperchen verteilen und auf das sog. Karyoplasma, den übrigen Teil des Kerns? Die Kernkörperchen öffnen sich ja manchmal in das

Cytoplasma hinein und entleeren ihren Inhalt in das Cytoplasma; dafür gibt es jetzt viele histologische Bilder, und es könnte sein, daß auf diesem Wege im Zellkern synthetisierte Substanzen, z. B. Fermente, in das Cytoplasma kommen. Weiß man etwas über die Verteilung der Fermente zwischen den Kernkörperchen und dem übrigen Teil des Zellkerns?

SIEBERT: Charakteristisch für die chemische Zusammensetzung der Nucleoli ist wohl vor allem die hohe Konzentration an RNS, was vorwiegend Cytologen beschrieben haben. Isolierung von Kernkörperchen sind bisher nur an ganz speziellen und weit von Säugetieren abliegenden Organen oder Geweben möglich gewesen. Wir können in Rohrzuckerlösungen die Frage der Unversehrtheit oder Schädigung von isolierten Zellkernen direkt daran beurteilen, ob sie ihren Nucleolus noch enthalten, und wir pflegen Rohrzucker-zellkerne, die ihren Nucleolus verloren haben, zu verwerfen. Es ist uns aber bisher nicht gelungen, eindeutiges Kernkörperchenmaterial in vernünftigem Umfange zu isolieren. Hier liegt noch ein wesentliches methodisches Problem.

KUHN (Heidelberg). Zur Frage, wie Nucleinsäure und Protein sich aneinander binden: Der Herr Vortragende hat erwähnt, man wisse nicht recht, ob es rein salzartig ist, oder ob spezifischere Kräfte im Spiel sind, und vor allem, daß neuerdings Untersuchungen veröffentlicht worden sind, nach denen das durch Rekombination gewonnene Produkt differieren soll von dem nativen. Darf ich dazu fragen, ob optische Untersuchungen folgender Art dazu schon vorliegen? Wir wissen von den gelben Fermenten her, daß bei der Bildung an das Protein ein sehr bemerkenswerter optischer Effekt in Verschiebungen des Adsorptionsspektrums stattfindet. Wenn man daher Nucleinsäure mit NaOH so weit neutralisieren würde, wie es gerade der Basizität des Proteins entspricht, und andererseits die Proteinkompo-nente mit gerade soviel HCl, wie es der Acidität der Nucleinsäure entspricht, und man gibt es dann zusammen, ist es dann einfach die Addition der Spektren von Anion und Kation oder ist wie bei der Bildung von gelben Fermenten noch etwas Spezifisches im Spiel? Gerade die chromophoren Gruppen der Nucleinsäuren, die in den Pyrimidinen und Purinen liegen,

$$\begin{array}{cc} O & H \\ \parallel & \mid \end{array}$$

könnten ja mit den —C—N-Gruppen der Proteine einen ähnlichen Effekt bedingen. Ist darüber etwas bekannt?

SIEBERT: Nein, so strikt definierte Bedingungen sind meines Wissens bisher bei solchen Messungen nicht eingestellt worden.

KUHN: Bei der Bildung der gelben Fermente sind die Verschiebungen sehr beträchtlich. Sie können allein mit NaOH bei p_H 10 denselben Effekt bekommen, den Sie mit Protein schon bei p_H 7 bekommen. Also, nachdem Salzbildung die Spektren an sich schon verschiebt, meine ich, wäre es notwendig, einerseits die Nucleinsäure so genau wie möglich und andererseits das Protein so genau wie möglich zu neutralisieren. Die Lösungen müssen ferner optisch klar sein, da Streulicht stört.

SANDRITTER (Frankfurt a. M.): Ich möchte zu den Ruhezellen doch noch bemerken, Herr SIEBERT, wie Sie das ja auch angedeutet haben, daß es natürlich sehr schwer zu entscheiden ist, ob der Ruhezellkern wirklich ein

Ruhezellkern ist; denn wir wissen ja, daß die Zellkerne in der Interphase ihren DNS- und Histongehalt aufbauen und verdoppeln, hier also ein starker Stoffaustausch zwischen Cytoplasma und Zellkern stattfinden muß, was dafür spricht, daß die Zellmembran in diesem Augenblick für den Durchgang von Stoffen geöffnet ist. Und die zweite Frage, die ich stellen wollte, betrifft die DNS-Konstanz. Aus den biochemischen Untersuchungen kann man leicht den Schluß ableiten, daß diese Konstanz nur auf einen Zellkern bezogen sei. Die biochemischen Meßergebnisse werden an einer großen Zahl von Zellkernen gewonnen und liefern nur einen Mittelwert, so daß z. B. die Ploidiestufen integriert werden. Mißt man den NS-Gehalt der Einzelzelle, z. B. von Spermien, so sieht man, daß hier eine statistische Verteilungskurve vorhanden ist, z. B. beim Menschen mit einem Mittelwert von $3 \cdot 10^{-12}$ g, aber Spermien DNS-Werte von 1,5 bis $4 \cdot 10^{-12}$ g vorkommen, daß also eine Schwankungsbreite von 50% vorhanden ist, die weit über die Schwankungsbreite der methodischen Fehler hinausgeht.

SIEBERT: BASS in Amerika konnte sehr genau zeigen, daß, wenn man den Mittelwert des DNS-Gehaltes der Rattenleberzellkerne aufgliedert nach Größenklassen, eine Hauptgruppe bei dem sog. diploiden Wert und kleinere Untergruppen im triploiden und tetraploiden Bereich gefunden werden; wenn man alles als Mittelwert zusammennimmt, liegt er um 10—20% höher, als dem rein diploiden Wert entsprechen würde.

BÜCHER (Marburg): Wenn wir die letzten Resultate über die Enzyme und Substrate des glykolytischen Systems ansehen, so scheint mir doch, daß darin ein ganz wesentlicher neuer Fortschritt liegt, indem wir im Kern annähernd die gleichen Konzentrationen von Enzymen und Substraten sowie die gleichen Relationen dieser Konzentrationen zueinander wie im löslichen Raum vorfinden. Hierfür gibt es eigentlich keine andere Erklärung, als daß der Raum innerhalb des Kerns zum sog. löslichen Raum der Zelle dazugehört. Wenn der Kern gewissermaßen ein glykolytisches Eigenleben führte, dann würden die Spiegel aller einzelnen Substrate im Kern nicht denen des löslichen Raumes entsprechen, hauptsächlich deshalb, weil man aus Ihren Ergebnissen ablesen kann, daß Ihre Zellen beim Einfrieren anaerob wurden. Lactat zu Pyruvat ist der beste Indicator für den Quotienten DPNH/DPN im Cytoplasma; er ist in den Kernen von Herrn SIEBERT um Größenordnungen zugunsten des DPN-H verschoben. Man muß noch an folgende Fehlermöglichkeiten denken: Das bei der Gefriertrocknung auskristallisierende Wasser kann die Membranen zerreißen und in Bruchteilen von Sekunden bereits einen Konzentrationsausgleich einleiten. Ferner kann durch die Anaerobiose die Kernmembran locker werden; — dies ist von der Mitochondrienmembran bekannt — so daß sich auch hierdurch die Substratkonzentrationen durch Diffusion ausgleichen können. Ich würde gern an die anwesenden Morphologen die Frage richten, ob dazu etwas gesagt werden kann. Darf ich vielleicht auf diesem Gedankengang noch etwas weiter fußen und weiter vorstoßen? Wir nehmen einmal an, daß sich der lösliche Raum bis in den Kern hinein erstreckt. Sie haben ja bei Ihren Geweben Kerne aus verschiedenen Zellarten, bei Leber z. B. macht das mesenchymale, wenn ich recht informiert bin, etwa die Hälfte der Kerne aus, grob etwa 40%, es macht aber bei weitem nicht die Hälfte des Protoplasmas aus. Wenn man nun für eine einzelne Zellart ein spezifisches Verteilungsmuster der Enzyme annimmt, das sicher verschieden ist von einer anderen Zellart, z. B. zwischen dem mesenchymalen Anteil und dem parenchymalen Anteil der Leber, dann müßte man eigentlich Differenzen finden, aus denen man auf die Anteile des Protoplasmas und des Kernteils der verschiedenen Gewebe schließen könnte. Die Ausnahmen aus der Regel bei den einzelnen Geweben, bei der Niere die Differenz bei der Glycerophosphat-Dehydrogenase, und bei der Leber die Aldolase, könnten hier hilfreich sein. Es ist auf Grund dieser Hypothese vielleicht möglich, daß sich der protoplasmatische Raum in die Kerne erstreckt, daß Sie ihn mit den Kernen herausbekommen und sogar die einzelnen Muster der Verteilung der einzelnen Gewebe auseinanderzudifferenzieren vermögen. Ich wollte vor allen Dingen einmal fragen, wie sicher die Basis einer solchen Hypothese vom morphologischen Standpunkt aus schon ist.

SIEBERT: Für diese sehr wichtigen Ausführungen ist es vielleicht notwendig, noch etwas zu der Vorgeschichte der Leberzellpräparate zu sagen. Sowohl für die Enzymmessungen als auch für die Substratmessungen wurden je 100 Ratten geschlachtet; das erhaltene Lebertrockenpulver wird nach gründlichem Zerreiben soweit abgesiebt, daß nach Möglichkeit alle Bindegewebs- und Gefäßanteile entfernt sind; das entspricht rund einem Drittel des Gesamtgewebsgewichtes. Was hier als Ausgangsgewebe bezeichnet wurde, sind also nur zwei Drittel des Gesamtgewichtes der Leber, wobei der parenchymatöse Anteil gegenüber Bindegewebsanteilen beträchtlich angereichert sein dürfte.

RIS (Madison): Diese Diskussion zeigt doch wieder, wie wichtig es ist, biochemische Untersuchungen mit morphologischen zu verbinden, morphologisch eben bis ins Gebiet der Elektronenmikroskopie. Zum Beispiel möchte ich betonen, daß man bei der Präparation solche Zellkomponenten wie Kerne, Mitochondrien usw., unbedingt im Elektronenmikroskop kontrollieren muß und nicht nur im Lichtmikroskop. Es ist ganz einfach, man kann zentrifugieren, den Bodensatz fixieren und schneiden, und dann weiß man genau, was da ist, und kann es auch mit der intakten Zelle vergleichen. Zum Beispiel bei Zellkernen muß man wissen, ob die Kernmembran überhaupt noch vorhanden ist. Britische Forscher haben nämlich kürzlich Schnitte durch isolierte Kerne gemacht, die in Zucker-Glycerinlösung hergestellt wurden, und bei denen die Kernmembran nicht mehr vorhanden war. Die Chromosomen hängen gelartig zusammen. Wenn sie sich dann im allgemeinen Substrat der zerriebenen Zelle befinden, dann wirkt das wie ein Schwamm, und alles geht hinein. Wo die Kernmembran vorhanden ist, muß man sich erinnern, daß die Kernmembran ja doppelt ist und die äußere Membran zum endoplasmatischen Reticulum gehört. Wenn man die Kerne isoliert und die Membran noch vorhanden sind, muß also noch manches vom Cytoplasma mitkommen. Wenn man ganz reine Kerne herstellt, wie es PHILPOT in England versucht hat, dann geht die Kernmembran verloren, und man hat wieder den „Schwamm", der cytoplasmatische Enzyme in sich aufnehmen könnte.

BEERMANN (Marburg): Ich darf mich vielleicht gleich an Herrn RIS anschließen, weil ich ja auch zu diesen Morphologen gehöre. Ich möchte zu dieser Kernmembranfrage noch etwas beitragen. Ich glaube, die beiden Extreme, die man hinsichtlich der Poren im Elektronenmikroskop gefunden hat, sind einmal, daß man tatsächlich sozusagen wirkliche Löcher sieht, und zum anderen das, was die Botaniker Tüpfel nennen, wo also einfach nur dünnere Stellen vorliegen. Der Durchmesser dieser Poren liegt im Bereich von 500—1000 Å bei großen Zellkernen. Das sind Riesendimensionen, und wenn das wirklich Löcher wären, dann wäre praktisch überhaupt keine Grenze zwischen Kern und Plasma vorhanden. Ich habe bei meinem Material bei Speicheldrüsenzellen in manchen Zellkernen eine sehr große Art von Granula gefunden, die einen Durchmesser von etwa 300 Å hatten. Die Granula sind aber immer noch im Durchmesser 3mal kleiner als die Poren in der Kernmembran. Diese Granula sind in großer Masse im Kern vorhanden, aber niemals im Gebiet außerhalb des Kernes, obwohl sie manchmal direkt vor den Poren liegen, so daß man kaum annehmen kann, daß sie nicht durch die Poren hindurch könnten.

Nun noch etwas zur Frage des Nucleolus, die vorhin aufgeworfen wurde: VINCENT hat Nucleoli in großen Massen aus Seeigeloocyten isoliert und auch chemisch analysiert. So viel ich mich erinnere, hat er gefunden, daß der RNS-Gehalt in Wirklichkeit nur bei 5% liegt, also geringer ist als in manchen Cytoplasmabereichen, und daß die Behauptung vom hohen RNS-Gehalt nur ein Konzentrationseffekt ist; die Dichte des Nucleolus ist 5—10mal höher als die des Kerneffektes und auch sehr viel höher als die der meisten Cytoplasmaanteile. Färberisch erhält man natürlich im Nucleolus immer noch eine enorme RNS-Färbung, viel intensiver als die im Cytoplasma und Kernsaft. Aber überschlagsmäßig kann es für die Untersuchungen von Herrn SIEBERT trotzdem keine so große Rolle spielen, denn ein Nucleolus hat nur ungefähr 1% des Volumens des Gesamtkerns und selbst wenn er also eine 10fache Dichte des Kernsaftes hätte, würde das nur 10% der Gesamtmasse des Kernes im Höchstfall ausmachen.

KAUDEWITZ (Tübingen): Ich wollte noch einmal auf die Ausführungen Ihres Referates kommen, und zwar auf die Frage nach dem Austritt spezifischen Materials aus dem Kern in das Plasma. Da möchte ich an Arbeiten von MAZIA erinnern, die an Amöben durchgeführt worden sind. Diese Amöben haben tatsächlich echte Kerne mit echten Membranen. Nun hat MAZIA die gesamte Amöbe mit Phosphor markiert. Anschließend wurde der Kern entnommen und mit Hilfe eines Mikromanipulators in eine andere Amöbenzelle eingeführt, aus der zuvor der eigene Zellkern entfernt worden war. Es war also eine echte Transplantation eines Kernes. Die Amöbe wurde dann etwa 48 Std. in Ruhe gelassen; sie teilte sich nicht in dieser Zeit. Dann wurde sie mit Hilfe der Radioautographie mit Kontaktmethode untersucht. Dabei ergab sich, daß jetzt im Cytoplasma dieser Amöbe Granula auftraten, die ^{32}P markiert waren. Wenn man die ganze Amöbe einer Ribonucleasebehandlung unterwarf, dann verschwanden diese Granula. Also war offensichtlich der radioaktive Phosphor an Nucleinsäure gebunden. Die Arbeiten sind, soweit ich weiß, noch einmal wiederholt worden unter Verwendung von markierten Mononucleotiden. Es zeigte sich also ganz eindeutig, daß offensichtlich aus dem Kern dort synthetisierte Nucleinsäure in das Plasma überwechselt. Das ist doch ganz interessant im Hinblick darauf, daß heute eine der im Vordergrund stehenden Hypothesen diejenige ist, daß die genetische Spezifität der DNS des Kerns als Übersetzung zunächst einmal einer RNS-Produktion bedarf und dann erst die dadurch weitertransportierte Spezifität auf die Proteine übergeht.

SIEBERT: Herr KAUDEWITZ, mir ist seinerzeit beim Lesen dieser Maziaschen Arbeit eine Frage gekommen, die ich nicht beantworten kann: Kann das Austreten von radioaktivem Material auch darauf beruhen, daß der Kern bei der Transplantation etwas geschädigt wird, daß also keine aktive Kernleistung, sondern ein passiver Prozeß vorliegt?

KAUDEWITZ: Das ist nicht sehr wahrscheinlich, denn die Amöben mit ausgetauschten Kernen bleiben durchaus lebensfähig und teilungsfähig, sind also nicht irgendwie geschädigt.

HESS (Heidelberg): Ich möchte etwas sagen zu der von Herrn Prof. BÜCHER vorhin angeschnittenen Frage, und zwar zur Beziehung zwischen dem Kern von Asciteszellen und den Atmungsfermenten. Bei Asciteszellen verhalten sich die Atmungsfermente völlig unabhängig von den Chromosomenzahlen. Wenn wir Zellen untersuchen, die Chromosomenzahlen von 92 haben, so finden wir die gleiche Ferment-Konzentration und -Art wie in Asciteszellen, die eine Chromosomenzahl von 48 haben.

Zweitens wollte ich noch eine methodische Bemerkung machen: Es ist sicher, zumindest für Asciteszellen, daß die Kerne keine Atmungsfermente enthalten und daß sie nicht mit Mitochondrien verunreinigt sind, wie man sehr leicht sehen kann, wenn man die Differenzspektren der Atmungsfermente in Mitochondrien und in ganzen Zellen vergleicht.

ROKA (Frankfurt/M): In Ihrem Referat erwähnten Sie, daß dieProteasen auch im intakten Zellkern aktiv sind, d. h. das im Zellkern vorhandene Ferment kann mit dem Substrat im Cytoplasma reagieren, was die „Schwamm"-Hypothese unterstützt.

Andere Fermente dagegen waren inaktiv, solange sie im intakten Zellkern liegen und wurden erst nach Zerstörung der Kerne aktiv, was für eineBarriere zwischen Kern und Cytoplasma spricht. Wie lassen sich diese beiden Befunde deuten?

SIEBERT: Diese Fragen sind bisher nie systematisch bearbeitet worden, sondern immer nur an Einzelbeispielen, wie etwa den von Ihnen erwähnten. Daher ist eine verallgemeinernde Aussage noch nicht möglich. Vielleicht sollte noch erwähnt werden, daß die Bullenprostata auch insofern ein merkwürdiges Gewebe ist, als die Zellkerne bis zu 8 Kernkörperchen haben, und möglicherweise dort also noch ganz andere Verhältnisse vorliegen, als man sie in anderen tierischen Geweben kennt.

FINK (Köln): Zur Theorie Schwamm, Pore oder Membran möchte ich nur an die Verhältnisse bei Mikroorganismen erinnern. Hier ist der Zustand ein Übergang und hängt vom Elektrolytgehalt ab. Wenn man normale, gesunde Bierhefe mit Methylenblau färbt, dann werden die 3% toten Zellen tiefblau angefärbt. Wenn man die Hefe mit elektrolytfreiem, zweimal destillierten Wasser wäscht und dann noch Glucose zugibt, geht das Methylenblau in sämtliche Zellen hinein, alle werden tiefblau und sterben an dem Farbstoff. Wenn man vor der Färbung eine Spur Elektrolyt zugibt, ist der ganze Spuk weg, man hat wieder die 3% toter Zellen. Die Regulation der Permeabilität ist also bei Hefen und anderen Mikroorganismen eine Sache des Elektrolytgehalts der Lösung.

SIEBERT: Zur Frage der Elektrolyte darf ich vielleicht kurz sagen: man war früher der Meinung, wenn man mit wäßrigen Lösungen von Rohrzucker arbeitete, jeder Elektrolytgehalt würde die Extraktion von Zellmaterial fördern. Modernere Arbeiten geben meist etwas Elektrolyte zum Isolierungsmedium, z. T. aus Gründen der Pufferung, z. T. (z. B. SCHNEIDER) etwas $CaCl_2$, weil die Abtrennung von Cytoplasmabestandteilen leichter gelingt.

BUTENANDT (München): Eine kurze Frage zum Zeitpunkt der DNS-Synthese. Sie haben gesagt, sie findet statt in der Prophase oder vorher. Ich erinnere mich an schöne Arbeiten von ALTMANN und MARQUART in Freiburg und auch an andere, die doch zeigen, daß die ganze Zeit der Interphase bei sich teilendem Gewebe durch Synthese von DNS ausgefüllt ist, und daß der Zeitpunkt der Teilung, also der Beginn der Prophase, dadurch bestimmt wird, daß das DNS-Material bereit ist. Ist das nicht allgemein anerkannt?

SIEBERT: Zum Teil sind die Befunde, auf die ich mich bezogen habe, cytologischer Art, und ich wäre dankbar, wenn ich in der Diskussion ein wenig entlastet würde durch die anwesenden Cytologen. Ich glaube, die Frage hängt damit zusammen, wie groß die Relation zwischen Teilungszeitraum und Ruhezeitraum ist. Je intensiver die Teilungen verlaufen, je kürzer der Ruhezeitraum ist, ein desto größerer Anteil des Ruhezeitraums entfällt sicherlich auf die DNS-Synthese. Aber im Extremfall etwa der Gehirnzellen wird man das nicht annehmen können und Zellen, die sich nur alle paar Wochen oder Monate teilen, sollten auch einen echten Ruhezeitraum haben. Soweit ich unterrichtet bin, findet man in solchen sich langsam teilenden Zellen cytospektrophotometrisch einen Anstieg des DNS-Gehaltes kurz vor der Teilung.

ZÖLLNER (München): Ich kann mich gut an die Marquardtsche Arbeit erinnern, der Anstieg erfolgt kurz nach der Teilung im ruhenden Kern.

HAGEN (Heiligenberg): Darf ich zu der Frage von Herrn Prof. BUTENANDT noch erwähnen, es gibt Untersuchungen von LAJTHA, der sehr genau an Knochenmarkskulturen unterschieden hat, wann DNS synthetisiert wird und wann nicht. Kurz nach der Mitose gibt es eine Ruhepause, in der nach autoradiographischen Untersuchungen keine DNS aufgebaut wird. Dann bekommt er die sogenannte Syntheseperiode und dann wieder eine Ruhephase. Diese Ruhephasen, wenn keine DNS synthetisiert wird, können sich etwas verschieben. Jedenfalls scheint aber während einer bestimmten Zeit, die bei den verschiedenen Zellen unterschiedlich lang ist, keine DNS gebildet zu werden.

Darf ich noch eine methodische Frage anschließen? Sie sagten, daß man Restprotein und saures Protein bei der Isolierung etwa gleich setzen könnte, und daß Sie zur Prüfung, ob in sauren Proteinen Enzyme enthalten sind, nicht alkalisch extrahiert haben, sondern irgendwie anders. Wie war das methodisch?

SIEBERT: Ich fürchte, ich habe mich mißverständlich ausgedrückt. Was an Eigenschaften für das saure Protein beschrieben ist, deckt sich teilweise mit dem, was dem Residualprotein zugeschrieben wird. Sie sind nicht voll vergleichbar, aber gewisse Eigenschaften gleichen sich. In früheren Untersuchungen sind wir so vorgegangen, daß einfach bei neutralem p_H mit Lösungen bestimmter Salzkonzentrationen das saure Protein extrahiert, dann aber durch mehrfache Umfällung beim tryptischen p_H-Wert offenbar eine Reinigung erreicht wurde, wie sich aus den Analysedaten ergibt; das elektrophoretische Verhalten deutet darauf hin, daß das isolierte Material wirklich in die Gruppe der sauren Proteine gehört.

Cytochemische Untersuchungen an basischen Kernproteinen während der Gametenbildung, Befruchtung und Entwicklung*

Von

Max Alfert

Aus dem zoologischen Institut und der Abteilung für genetische Krebsforschung der Universität von Kalifornien, Berkeley/USA

Mit 6 Textabbildungen

Verschiedene Methoden ermöglichen es seit einigen Jahren, qualitative und quantitative Veränderungen der Substanz des Zellkernes cytochemisch zu erfassen. Gewisse Kernbestandteile werden zu diesem Zweck spezifisch gefärbt, und die Farbstoffmenge oder -konzentration wird im Schnittpräparat in einzelnen Kernen mikrospektrophotometrisch gemessen[20]. Die DNS des Kernes kann mittels der Feulgenschen Reaktion gemessen werden, und Kernproteine können durch die Millonsche Probe und die Saka-guchireaktion, auf Grund ihres Tyrosin- und Arginingehaltes bestimmt werden. Von besonderem Interesse ist das Verhalten basischer Proteine, der Histone, Protamine und protamin-artigen Substanzen, die in den Kernen höherer Tiere und Pflanzen gewöhn-lich mit der DNS verbunden zu sein scheinen. Für diese Proteine wurde eine spezifische Färbungsmethode[4] entwickelt: Nach chemischer Entfernung der DNS aus dem fixierten Gewebe lassen sich basische Proteine auf Grund ihres hohen isoelektrischen Punktes vom sauren Farbstoff Echtgrün FCF noch bei einem p_H von über 8 anfärben. Diese Färbung sowie andere histochemische Proteinreaktionen können auch am selben Objekt nach erfolgter Feulgenfärbung angewendet[7] werden, so daß das Verhältnis der

* Diese Arbeit wurde unter Mitarbeit von Frau Norma Goldstein und Frau Gerda Mathan ausgeführt, und von Krebsforschungsmitteln der Universität unterstützt. Wir sind Herrn Prof. Dr. W. Sandritter, für den Vortrag dieser Arbeit in Mosbach, zu großem Dank verpflichtet.

Acidophilie des Histons zur DNS-Menge derselben Kerne bestimmt werden kann. Biochemische sowie cytochemische Untersuchungen haben nun gezeigt, daß Histone verschiedener somatischer Gewebe sehr einheitliche Zusammensetzung[11, 18] und Färbbarkeit[4] aufweisen. Es gibt allerdings einige Ausnahmen von dieser üblichen Konstanz des cytochemischen Verhaltens basischer Proteine: Erstens verwandeln sich Histone in Protamine oder protaminartige Substanzen mit sehr hohem Arginingehalt während der Reifung vieler Arten von Spermien; zweitens ist das Histon-DNS-Verhältnis physiologisch aktiver Ruhekerne manchmal geringer als in homologen Kernen sich rasch teilender Zellen. BLOCH und GODMAN[8], die diesen Effekt entdeckten und in Zusammenhang mit physiologischer Aktivität (im Gegensatz zu Teilungsaktivität) brachten, nahmen an, daß es sich um einen Maskierungseffekt handelt; in den Kernen reichert sich eine Proteinfraktion an, die sich mit dem Nucleohiston verbindet und dessen Acidophilie teilweise unterdrückt.

Schwankungen der Histonfärbbarkeit können also zwei verschiedene Ursachen haben: Änderungen in der Menge und Zusammensetzung der Histone oder differentielle Maskierung färbbarer Gruppen.

Ich möchte nun über das cytochemische Verhalten der basischen Kernproteine während der Gametenbildung, Befruchtung und embryonalen Frühentwicklung berichten. Wie erwähnt, wissen wir von den chemischen Untersuchungen einiger Forscher, besonders FELIX u. Mitarb.[13], daß Spermienköpfe häufig sehr basische Proteine mit hohem Arginingehalt besitzen. Es schien nun von Interesse, zu untersuchen, wie sich Eikerne verhalten und was nach Eindringen des Spermienkopfes ins Ei geschieht. Qualitative Beobachtungen wurden an Hoden verschiedener Nagetiere und an Mäuseeiern gemacht. Quantitative Messungen wurden an einem Mausembryo und an Heuschreckenhoden vorgenommen, da letztere technisch leichter als entsprechendes Säugermaterial zu bearbeiten sind; sie zeigen jedoch qualitativ dasselbe Färbungsbild.

Das Färbungsbild der basischen Proteine wurde in allen Fällen mit dem der DNS verglichen, da diese im Laufe der Meiose und Frühentwicklung quantitativ genau dem Verhalten der Chromosomen entspricht. Diese Feststellung ist wiederholt an verschiedenen Objekten gemacht worden[1, 19, 23, 24] und bildete eines der

Hauptargumente in der Formulierung der Hypothese der DNS-Konstanz[25]. Vor der Meiose in männlichen und weiblichen Keimzellen verdoppelt sich die DNS-Menge und wird im Lauf der Meiose zweimal sukzessiv halbiert, um in den reifen Gameten das haploide Niveau zu erreichen. Durch die Befruchtung wird die diploide Menge im Ei wiederhergestellt und verdoppelt sich dann immer vorübergehend in Vorbereitung für jede mitotische Teilung.

Die basischen Kernproteine verhalten sich nun in einer viel weniger schematisch-konstanten Weise: In Abb. 1 sehen wir einen Schnitt von Meerschweinchenhoden, sukzessiv mit drei verschiedenen Methoden gefärbt: Zuerst oben Feulgen für DNS, dann in der Mitte Echtgrün für basische Proteine, schließlich unten die Sakaguchireaktion für Arginin. Verschiedene Kerntypen lassen sich im Feulgenbild unterscheiden: Spermatogonien, Spermatocyten, Spermatiden und reifende Spermienköpfe. Mit der Histonfärbung fallen zwei

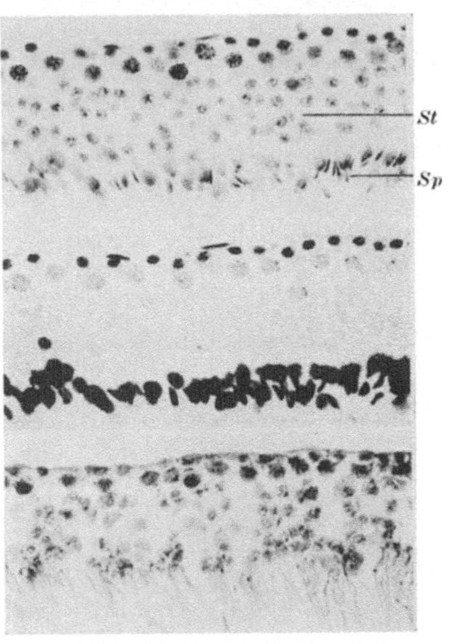

Abb. 1. Meerschweinchenhoden, 300 mal. Derselbe Schnitt 3 mal sukzessiv gefärbt. Oben Feulgen, Mitte Echtgrün, unten Sakaguchi. *St* Spermatiden, *Sp* Spermien

Besonderheiten auf: Erstens die starke Färbbarkeit der Spermienköpfe (Sp) und zweitens der Mangel an Färbbarkeit der Spermatidenkerne (St). In Anbetracht ihrer chemischen Zusammensetzung ist die erhöhte Acidophilie der Spermienköpfe nicht erstaunlich. Der Grund für die mangelnde Färbbarkeit der Spermatidenkerne ist weniger offensichtlich, und es könnte sich hier um einen Maskierungseffekt oder um tatsächlichen Mangel an basischen Proteinen handeln. Der im untersten Bild ersichtliche Kontrast, mit welchem Spermatidenkerne im Sakaguchibild erscheinen, spricht gegen die Abwesenheit argininreicher Proteine. Die cytochemische Analyse von Heuschreckenhoden wurde an den

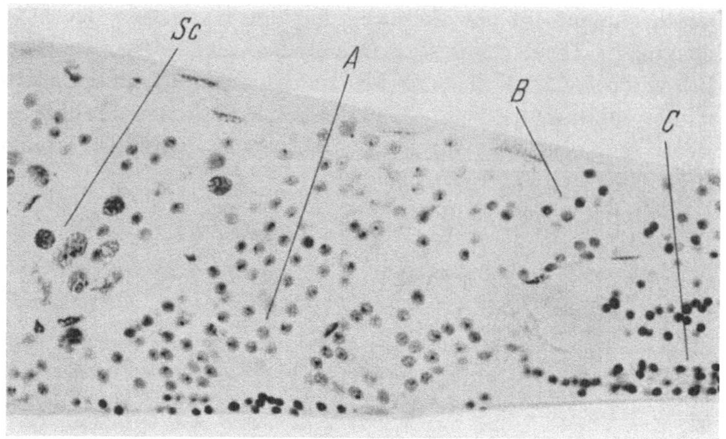

Abb. 2. Längsschnitt durch einen Hodenschlauch der Heuschrecke *Chortophaga viridifasciata* 260 mal. Feulgen. Darstellung der Kerntypen an denen cytochemische Messungen ausgeführt wurden (s. Abb. 3)

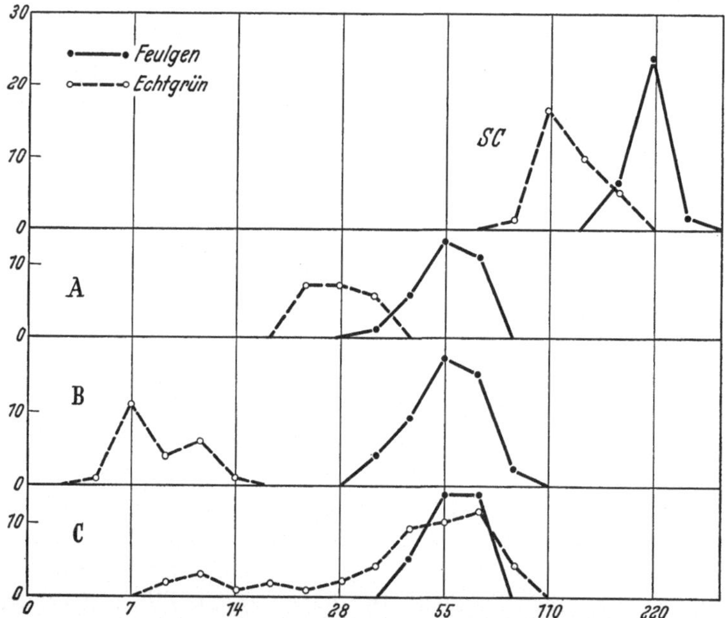

Abb. 3. Feulgen-DNS und Echtgrün-Histon-Gehalt einzelner Kerne von Spermatocyten (*Sc* Erste Prophasen, durchschnittliches Volumen $= 754\ \mu^3$) und Spermatiden (*A* unmittelbar nach der Meiose, $V = 188\ \mu^3$; *B* mittleres Stadium, $V = 97\ \mu^3$; *C* spätes Stadium, $V = 62\ \mu^3$). Abszisse: Farbstoffmenge per Kern in willkürlichen Einheiten. Ordinaten: Anzahl der gemessenen Kerne

in Abb. 2 illustrierten Kerntypen ausgeführt, und die Resultate sind in Abb. 3 dargestellt: DNS-Messungen bestätigen wieder das schon erwähnte Verhalten. Die Spermatiden enthalten ein Viertel der in den 1. Spermatocyten vorhandenen Menge. Während der Spermiogenese ändert sich trotz starker Schrumpfung der Kerne weiter nichts. Echtgrünmessungen zeigen ein konstantes Verhältnis von Histon zur DNS in Spermatocyten (Sc) und frühen Spermatiden (A). Während der folgenden Reifung der Spermatiden verringert sich die Histonfärbbarkeit zuerst auffallend (B) und steigt dann am Ende der Spermiogenese sehr stark an (C). Die cytochemischen Messungen wurden in diesem Fall an drei Stadien der Spermatidenentwicklung bis zur maximalen Kontraktion noch runder Spermatidenkerne vorgenommen. In dem darauf folgenden Stadium der starken Verlängerung der Spermatidenkerne scheint sich die Acidophilie visuell noch weiter zu intensivieren. Solche Kerne wurden aber aus technischen Gründen nicht gemessen.

Wir haben nun auch Messungen des Verhältnisses von Arginin zu Tyrosin ausgeführt (Tab. 1): Verglichen mit Spermatocytenkernen zeigen die späten Spermatidenkerne verringerte Tyrosin- und erhöhte Argininkonzentration. Das Verhältnis Arginin/Tyrosin hat sich also im Sinne einer Protaminverwandlung verschoben.

Tabelle 1. *Mittelwerte $\pm$ Standardfehler von 20 Kernmessungen*
(optische Dichte in 4 μ Schnitten)

	Sakaguchi E_{510} [Arginin]	Millon E_{490} [Tyrosin]	$\dfrac{\text{Arginin}}{\text{Tyrosin}}$	Verringerung von [Arg.] nach heißer Trichloressigsäure %
1. Spermatocyten	$0,297 \pm 0,007$	$0,185 \pm 0,008$	1,61	16,5
Mittlere Spermatiden	$0,302 \pm 0,006$	$0,181 \pm 0,007$	1,67	14,5
Späte Spermatiden	$0,392 \pm 0,007$	$0,131 \pm 0,004$	2,99	24

Diese Verwandlung beginnt in diesem Fall, so wie wir es auch beim Lachs festgestellt haben[3], in einem späten Stadium der Spermiogenese, lange nach Vollendung der Meiose. Die mittleren Spermatiden zeigen aber keine Veränderung gegenüber den Spermatocyten und auch keinen differentiellen Verlust von Arginin nach Behandlung mit heißer Trichloressigsäure, wie sie als Vorbehandlung für die Echtgrünfärbung der Histone verwendet wird. Wir schließen

daraus, daß die mangelnde Acidophilie der mittleren Spermatidenkerne auf einem Maskierungseffekt beruht, und nicht auf Mangel von
Histon oder auf Verlust reaktiver Gruppen während der Färbung.

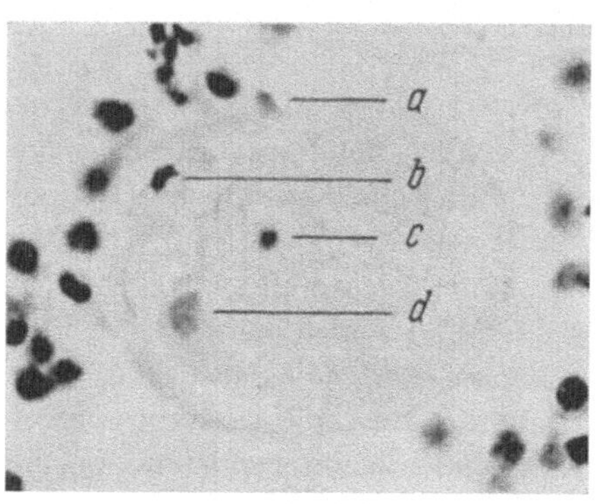

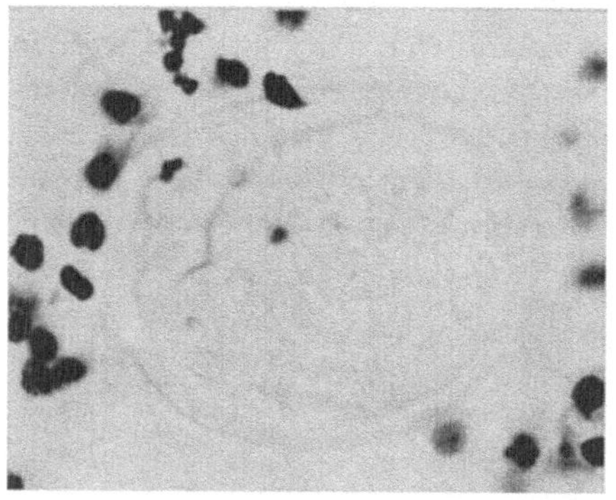

Abb. 4. Ein vor kurzem befruchtetes Mäuseei.
800 mal. Oben Feulgen, unten Echtgrün (s. Text)

In letztgenannter Hin-
sicht sind Spermatiden-
kerne den Kernen reifen-
der Mäuse-Oocyten ähn-
lich: Solche Kerne haben
einen konstanten DNS-
Gehalt[1], obwohl die Konzentration der DNS mit
zunehmendem Kernvolu-
men abnimmt. Histone
lassen sich mit Echtgrün
in den wachsenden Kernen
nicht nachweisen, doch die
Sakaguchireaktion zeigt
eine erhebliche Konzen-
tration basischer Proteine.
Wahrscheinlich handelt es
sich wieder um eine Mas-
kierung der basischen Proteine. In den Oocyten er-
scheint die Echtgrünfärb-
barkeit erst wieder nach
Ende der Wachstumsperi-
ode oder in den meiotischen
Chromosomen des Eies.

Weitere Beobachtun-
gen wurden an eben be-
fruchteten Mäuseeiern und frühen Entwicklungsstadien gemacht
und ergaben die folgenden Befunde: Im Feulgenbild können Spermienköpfe vom Eindringen ins Ei bis zur Ausbildung typischer Vorkerne verfolgt werden. Dieselben Kerne können auch mit der Sakaguchireaktion dargestellt werden, obwohl sie sich nur mit geringem
Kontrast vom stark färbbaren Eicytoplasma abheben. Hingegen
sind solche Spermienköpfe, sobald sie unter die Eioberfläche ein-
gedrungen sind, mit der Echtgrünfärbung überhaupt nicht sichtbar.
Die Acidophilie des väterlichen Chromatins wird also anscheinend

vollkommen maskiert, sobald der Spermienkopf ins Ei eindringt. Überzählige Spermatozoen, die außen an der Eioberfläche anhaften, ohne einzudringen, und oft noch in viel späteren Entwicklungsstadien gefunden werden können, behalten ihre typisch intensive Färbbarkeit. Abb. 4 zeigt ein kurz vorher befruchtetes Ei im Feulgen- und Echtgrünbild: Das mütterliche Chromatin im Polkörper (*b*) und im Ei (*c*) sowie ein nicht eingedrungener Spermienkopf (*a*) sind nach beiden Färbungsmethoden sichtbar, während der befruchtende Spermienkopf (*d*) nur im Feulgenbild erscheint.

Es zeigt sich also, daß Spermienchromatin und Eicytoplasma sehr rasch miteinander reagieren, in diesem Falle Stunden vor Ausbildung der typischen Vorkerne. Sehr frühe genetische Effekte von Spermienchromosomen aufs Ei sind in *Drosophila* von GLASS u. PLAINE[15], und von COUNCE[10] gefunden worden; es ist wahrscheinlich, daß unsere cytochemischen Befunde einen anderen Aspekt desselben Phänomens aufzeigen.

In den Vorkernen und im frühen Embryo (Abb. 5)

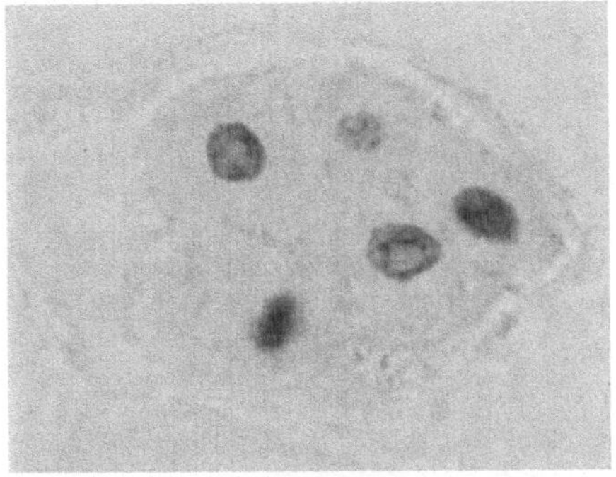

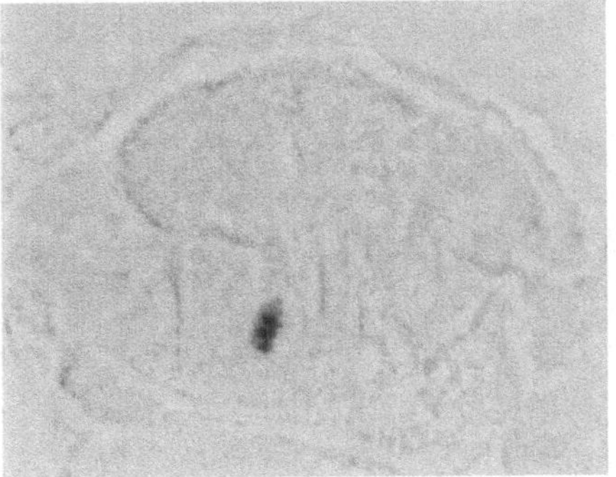

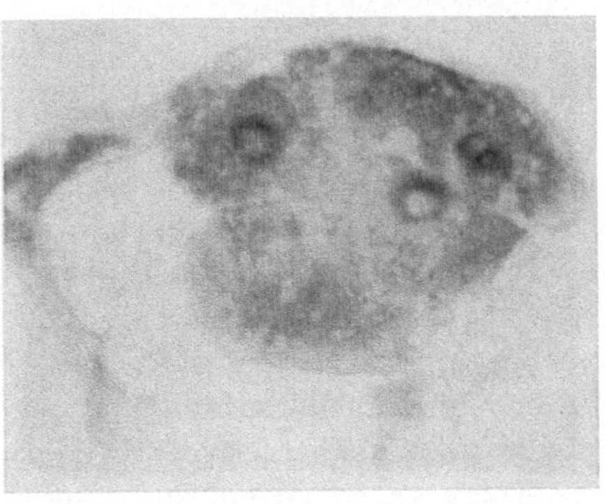

Abb. 5. 6 zelliger Mausembryo. 800 mal. Derselbe Schnitt 3 mal sukzessiv gefärbt; oben Feulgen, Mitte Echtgrün, unten Sakaguchi

bleibt die Acidophilie des Histons in Interphasen vollständig
unterbunden, obwohl sich mitotische Chromosomen (z. B. in einer
Zelle von Abb. 5, Mitte) anfärben. Alle diese Kerne erscheinen
mit erhöhtem Kontrast im Sakaguchibild.

Etwas später beginnen sich die Interphasenkerne wieder mit
Echtgrün anzufärben, allerdings zuerst mit reduzierter Intensität.

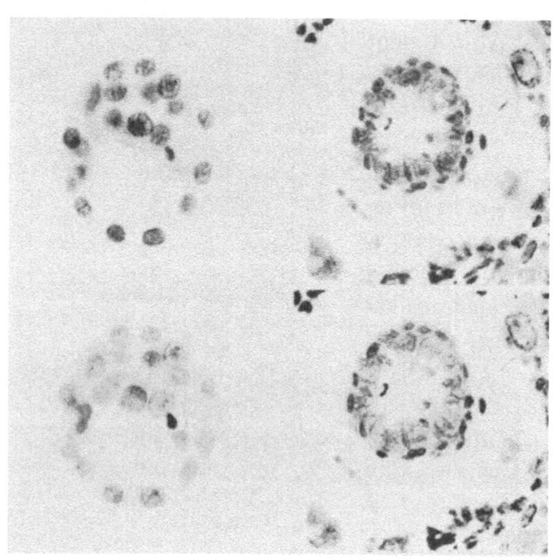

Abb. 6. Spätere Entwicklungsstadien der Maus. Links: 4 Tage alte Blastula. 430 mal.
Rechts: 6 Tage alter implantierter Embryo. 260 mal. Oben Feulgen, unten Echtgrün

Histon-DNS-Messungen an Kernen einer 4 Tage alten Blastula
(Abb. 6, links), verglichen mit somatischen Kernen der Eileiter,
zeigten, daß die Acidophilie der embryonalen Kerne nur ungefähr
halb so stark wie die der mütterlichen somatischen Kerne ist. Im
6 Tage alten implantierten Embryo erscheint die Acidophilie der
Kernhistone schließlich normal (Abb. 6, rechts).

Die typische Histonfärbbarkeit somatischer Kerne fehlt also im
Ei und im frühen Embryo und wird im Lauf der Entwicklung
progressiv wiederhergestellt. In dieser Hinsicht differenzieren sich
die Kerne selbst. Wenn auch auf Grund der Sakaguchireaktion
anzunehmen ist, daß alle diese Kerne basische Proteine enthalten,
so reagieren diese doch histochemisch in verschiedener Weise; ob

sich die Zusammensetzung des basischen Eiweißes ändert, kann nicht mit Bestimmtheit gesagt werden. Chemische Analysen an Hühnerembryonen von HORN u. ANDERSON[17] ergaben quantitative Veränderungen im Histon/DNS-Verhältnis während der Entwicklung; diese Resultate können aber mit den hier besprochenen Befunden nicht direkt verglichen werden.

Die DNS, die aus verschiedenen Gründen als Trägerin der genetischen Information des Kernes angesehen wird, ist auch die einzige bekannte Kernsubstanz, welche unverändert durch die Gameten einander folgende Generationen überbrückt. Abgesehen von den zu erwartenden Verdoppelungen und Halbierungen parallel zur Chromosomenreproduktion und -verteilung zeigt die durchschnittliche DNS-Menge keine photometrisch feststellbaren Veränderungen. In der Steuerung physiologischer Vorgänge, die genetisch bestimmt werden, werden wohl verschiedentliche Beziehungen der DNS zu anderen Kernsubstanzen eine wichtige Rolle spielen. Es besteht nun die Frage, ob basischen Proteinen in dieser Hinsicht Bedeutung zukommt. Wie es von FISCHER[14] und anderen wiederholt gezeigt wurde, können basische Proteine einen ganz allgemeinen hemmenden Effekt auf den Stoffwechsel von Zellen ausüben. Von DANIELLI[12] und den STEDMANs[22] wurde außerdem vorgeschlagen, daß Kernhistone eine spezifisch hemmende oder modifizierende Wirkung auf die genetische Aktivität der Chromosomen haben sollten. Demnach würden basische Proteine im Gegensatz zu CASPERSSONs ursprünglichen Vorstellungen als Hemmsubstanzen angesehen werden, welche die DNS in verschiedenem Ausmaß bedecken und deren Einfluß auf den Zellstoffwechsel verhindern können; die Vermittlerrolle im Arbeitskern würde dann verschiedenen Nichthiston-Proteinen (oder Ribonucleoproteinen) zufallen. Die cytochemisch feststellbaren Histonveränderungen könnten ganz allgemein in diesem Sinn ausgelegt werden, da es sich zeigt, daß die Acidophilie des physiologisch inaktiven Chromatins, während der Zellteilung, in pyknotischen Kernen und in Spermienköpfen, häufig viel stärker ist als die von Kernen funktionell aktiver Zellen. Soweit es sich nicht um direkte Änderungen in der Histonzusammensetzung handelt, dürften in den physiologisch aktiven Kernen andere Proteine das Histon entweder teilweise aus seiner Verbindung mit der DNS verdrängen und ersetzen, oder sich dem Nucleohiston in besonderer Weise anfügen, so daß dessen Färbbarkeit dadurch beeinträchtigt wird. Die mangelnde Acidophilie von Oocyten-, Spermatiden- und frühen Embryokernen könnte also als Anzeichen von besonders gesteigerter allgemeiner Stoffwechseltätigkeit gedeutet werden, die im Laufe der Entwicklung und Gewebedifferenzierung progressiv eingeschränkt wird. Spermatiden während der Spermiogenese und wachsende Oocyten können in Anbetracht der morphogenetischen, bzw. synthetischen Prozesse, die in ihnen vorgehen, sicher als metabolisch intensiv aktive Systeme angesehen werden; worin die Aktivität der Furchungskerne besteht, ist hingegen weniger klar. Die hier vorgeschlagenen Deutungen sind jedoch noch sehr spekulativ und müssen durch mehr direkte analytische Methoden geprüft werden. Es wäre besonders wichtig, die cytochemische Differenzierung der Kerne im Laufe der Entwicklung mit chemischen Resultaten zu belegen. Embryonale Kerndifferenzierung in Amphibien wurde von Briggs u. King[9] mit Hilfe einer biologischen Testmethode festgestellt, doch die chemische Grundlage dieser Beobachtung ist auch nicht bekannt.

Abschließend soll noch erwähnt werden, daß cytochemische Veränderungen von Histonen auch in Fällen von abnormaler Meiose[6] sowie im Zusammenhang mit pathologischen Kernveränderungen in der Pyknose[2] und im Lupus erythematosus[16] festgestellt wurden. Alle diese Beobachtungen wurden an tierischen Geweben und in einem Fall an Protozoen[5] gemacht. Kürzliche Untersuchungen an basischen Proteinen von Pflanzenkernen, die von Rasch, Woodard u. Swift[21] ausgeführt wurden, haben bisher keine der am tierischen Material feststellbaren Variationen der Histonfärbbarkeit ergeben.

Literatur

[1] Alfert, M.: J. cell. comp. Physiol. **36**, 381 (1950).

[2] Alfert, M.: Biol. Bull. **109**, 1 (1955).

[3] Alfert, M.: J. biophys. biochem. Cytol. **2**, 109 (1956).

[4] Alfert, M., and I. I. Geschwind: Proc. nat. Acad. Sci. (Wash.) **39**, 991 (1953).

[5] Alfert, M., and N. O. Goldstein: J. exp. Zool. **130**, 403 (1955).

[6] Ansley, H.: Chromosoma **6**, 656 (1954); **8**, 380 (1957).

[7] Bloch, D. P., and G. C. Godman: J. biophys. biochem. Cytol. **1**, 17 (1955).

[8] Bloch, D. P., and G. C. Godman: J. biophys. biochem. Cytol. **1**, 531 (1955).

[9] Briggs, R., and T. J. King: J. Morph. **100**, 269 (1957).

[10] COUNCE, S. J.: Z. indukt. Abstamm.- u. Vererb.-Lehre **87**, 443 (1956).

[11] CRAMPTON, C. F., W. H. STEIN u. S. MOORE: J. biol. Chem. **225**, 363 (1957).

[12] DANIELLI, J. F.: Cold Spr. Harb. Symp. quant. Biol. **14**, 32 (1949).

[13] FELIX, K., H. FISCHER and A. KREKELS: Progress in Biophysics **6**, 1 (1956).

[14] FISCHER, H., u. L. WAGNER: Naturwissenschaften **41**, 532 (1954).

[15] GLASS, B., and H. L. PLAINE: Proc. nat. Acad. Sci. (Wash.) **36**, 627 (1950).

[16] GODMAN, G. C., and A. D. DEITCH: J. exp. Med. **106**, 593 (1957).

[17] HORN, E. C., and N. G. ANDERSON: Anat. Rec. **117**, 524 (1953).

[18] KNOBLOCH, A., H. MATSUDAIRA et R. VENDRELY: C. R. Acad. Sci. (Paris) **244**, 2980 (1957).

[19] McMASTER, R.: J. exp. Zool. **130**, 1 (1955).

[20] POLLISTER, A. W., u. L. ORNSTEIN: In *Analytical Cytology*, Ed. R. C. MELLORS. New York: McGraw Hill Co. Inc. 1955.

[21] RASCH, E., J. WOODARD and H. SWIFT: J. Histochem. Cytochem., Abstrakt (im Druck) (1958).

[22] STEDMAN, E., and E. STEDMAN: Nature (Lond.) **152**, 556 (1943).

[23] SWIFT, H., u. R. KLEINFELD: Physiol. Zool. **26**, 301 (1953).

[24] TAYLOR, J. H., u. R. D. McMASTER: Chromosoma **6**, 489 (1954).

[25] VENDRELY, R., u. C. VENDRELY: Experientia (Basel) **4**, 434 (1948).

Diskussion

Diskussionsleiter: Prof. RIS

FELIX (Frankfurt/M.): Ist bekannt, was für ein basisches Eiweiß in den Kernen der Oocyten vorkommt und sich mit Fastgreen färbt? Wird es mit Trichloressigsäure extrahiert?

SANDRITTER (Frankfurt/M.): Es färbt sich mit Fastgreen; ob es ein Protamin oder Histon ist, geht aus den Ausführungen von Herrn ALFERT nicht hervor und ist durch die Fastgreenfärbung nicht zu entscheiden, sondern nur durch den Gehalt an Tyrosin. Die Fastgreenfärbung zeigt uns nur an, daß freie basische Gruppen im Gewebe vorhanden sind. Trichloressigsäure extrahiert es nicht.

ROKA (Frankfurt/M.): Beobachtet man auch in Kulturen von embryonalem Gewebe, daß die Fastgreenfärbung vorübergehend in einem Entwicklungsstadium verschwindet? Färben sich Bakterien mit Fastgreen und verschwindet die Färbbarkeit vorübergehend bei schnell wachsenden Populationen?

SANDRITTER: Diese Untersuchungen sind bisher nur an der Leber gemacht worden, wo die Fastgreenfärbung durch Residual-Protein unterdrückt wird; wie andere Organe sich verhalten, läßt sich noch nicht sagen. Sich teilende Zellen enthalten meist wenig Residual-Protein. Das Verhältnis der Färbung nach Feulgen zu der mit Fastgreen wird durch evtl. anwesendes Residual-Protein nicht gestört, sondern bleibt konstant. Bei Carcinomzellen ist dieses Verhältnis in entscheidender Weise gestört. Die Fastgreenfärbbarkeit des Tumorhistons ist angestiegen.

WALDENSTRÖM (Malmö): Sie haben ganz nebenbei den Lupus Erythematodes erwähnt, ich möchte gern erfahren, ob er näher untersucht worden ist. Bei dieser Krankheit werden die Kerne angedaut, wie es so schön heißt, jedenfalls irgendwie verändert und dann phagocytiert. Ich bin überzeugt, daß eine nähere histochemische Analyse von solchen Erythematodeszellen sehr interessant sein würde und die Natur des L. E.-Faktors wahrscheinlich gut beleuchten könnte. Ist es ein enzymatischer Prozeß, werden die Färbungen der L. E.-Zellen bei verschiedenen Kranken verschieden ausfallen.

SANDRITTER: Bei den Lupus Erythematodes-Zellen nimmt die Methylgrün-Färbbarkeit der DNS ab. [GODMANN et al. J. Exp. Med. **106**, 575 (1957)]

BUTENANDT (München): Ich wollte nur Herrn BEERMANN reizen, etwas zu der Blockierung durch Histone zu sagen. Wenn ich das richtig verstanden habe, müßten doch bei Ihnen, wenn Sie mit Fastgreen färben, Unterschiede in den aufgelockerten, „aktiven", Bereichen des Chromosoms auftreten. Haben Sie solche Färbungen schon gemacht?

BEERMANN (Marburg): Wir sind gerade dabei, die Riesenchromosomen der Speicheldrüsen mit Fastgreen anzufärben und zu untersuchen, wie sich diese Regionen dann verhalten, die wir auf Grund anderer morphologischer und chemischer Indizien als evtl. aktivierende Regionen des Chromosoms betrachten können. Wir sind noch nicht so weit, aber von anderer Seite wurde beobachtet, daß die Fastgreenfärbung nach dieser Alfertschen Methode jedenfalls qualitativ der Feulgen-Färbung entspricht. Die Feulgen-Färbung ist nach unseren Beobachtungen verändert, und zwar ist die DNS an den Stellen, wo auf Grund morphologischer Indizien RNS und nicht basische Proteine angehäuft sind, enorm verdünnt. Die auf den Chromosomen sonst sehr scharf abgegrenzten Stellen sind infolge ihrer Aktivierung stark aufgelockert. Diese Auflockerung bewirkt einfach eine starke Verdünnung der DNS-Färbung, aber keine tatsächliche Abnahme, zumindest in meinem Material.

RIS: Wenn man aus der Abnahme der Intensität der Fastgreenfärbung schließt, daß Residual-Protein vorhanden ist, so sollte man das mit einer unabhängigen Methode prüfen. Ist das geschehen, und haben die anderen Methoden die Veränderung des Residual-Proteins bestätigt?

SANDRITTER: BLOCH und GODMAN haben gleichzeitig den Tyrosingehalt gemessen. Sie haben ihn in diesen Zellen erhöht gefunden, in denen die Fastgreenfärbung unterdrückt war. Weiterhin haben sie festgestellt, daß die Methylgrünfärbung bei Anwesenheit von Residual-Protein ebenfalls vermindert ist. Wenn man das Residual-Protein entfernt, dann steigt sowohl die Färbbarkeit mit Fastgreen wie die mit Methylgrün.

Bakterien-Transformation

Von

ADOLF WACKER

*Organisch-chemisches Institut der Technischen Universität Berlin,
Berlin-Charlottenburg*

Mit 1 Textabbildung

Einleitung

Unter dem biologischen Phänomen der Transformation versteht man einen Vorgang, bei dem bestimmte Bakterienstämme gewisse Eigenschaften anderer Stämme annehmen, wenn sie mit einem zellfreien Extrakt dieser Stämme wachsen. Wichtig ist, daß die so erworbenen Eigenschaften weiter vererbt werden. Im Jahre 1928 beobachtete GRIFFITH[1] erstmalig dieses Phänomen, als er Mäusen lebende Pneumokokken als ungekapselte R-Form zusammen mit hitzegetöteten, gekapselten S-Formen injizierte und aus den Tieren lebende, S-förmige, also gekapselte Pneumokokken isolierte. Da die Möglichkeit bestand, daß die durch Hitze abgetöteten Bakterienpräparationen einige thermoresistente Keime enthielten, und so das Phänomen nichts anderes war als eine „Neubelebung" der S-Zellen, erregte diese Entdeckung kein besonderes Aufsehen. Erst nachdem DAWSON u. SIA[2] sowie ALLOWAY[3] bestätigten, daß auch in vitro R-Formen von Pneumokokken in S-Formen umgewandelt werden können, wandte sich das Interesse diesem Vorgang zu. Im Jahre 1944 konnten AVERY, MacLeod u. McCARTY[4] zeigen, daß das verantwortliche Agens für die Transformation all die Eigenschaften hochpolymerer Desoxyribonucleinsäure (DNS) hat. Außer bei Bakterien und einem ähnlichen Phänomen bei Viren[5, 6], wurde die Transformation bisher noch nicht beobachtet.

Bakterien

Ursprünglich entdeckte GRIFFITH die Transformation bei Pneumokokken. Dieser Keim wird bei den Untersuchungen vor-

wiegend verwendet, weil sich die Ergebnisse am ehesten reproduzieren lassen. Außer bei Pneumokokken lassen sich die Versuche
noch bei zwei anderen Bakterienarten mit gleichem Erfolg wieder-
holen, nämlich bei *Haemophilus influenzae*[7] und *Neisseria meningitidis*[8]. Bei den übrigen untersuchten Keimen sind die Ergebnisse
unsicher und konnten teilweise nicht bestätigt werden, so bei
Shigella[9], Proteus[10], Salmonella[10, 11], Staphylokokken[10] und Myko-
bakterien[12]. Etwas mehr Erfolg versprechen Transformationen bei
Agrobakterien, Phytomonas[13, 14] und Brucella[15]. Während die von
BOIVIN et al.[16, 17, 18] berichteten Transformationen bei *E. coli* nicht
wiederholt werden konnten, wurden kürzlich positive Ergebnisse
mit verschiedenen Coli-Stämmen mitgeteilt[19, 20, 21].

Die Frage, warum die Bakterien-Transformation auf so wenige
Gattungen beschränkt bleibt, soll weiter unten behandelt werden.

Transformierte Eigenschaften

Welche Eigenschaften lassen sich nun übertragen? GRIFFITH
gelang es, die Kapselform von *Pneumococcus* Typ III (S-Form) auf
einen ungekapselten R-Stamm Typ II zu übertragen. Weiterhin
sind bei Pneumokokken noch Transformationen der Typen I, II, VI,
VII, XIV und von Unterarten der Typen II und III bekannt. Desgleichen wurden bei *Haemophilus influenzae* die Kapsel-Typen a, b,
c, d, e und f übertragen. Bei N. *meningitidis* kann die Fähigkeit zur
Synthese der Kapselsubstanz Typ I oder II a übertragen werden.
Die Eigenschaft, Salicin oder Mannit zu fermentieren, kann ebenfalls bei Pneumokokken transformiert werden.

Eine wichtige transformierbare Eigenschaft ist die Arzneimittelresistenz. HOTCHKISS[22] konnte als erster penicillinempfindliche
Pneumokokken in resistente umwandeln. Desgleichen gelang es,
bei *D. pneumoniae* und *H. influenzae* die Streptomycinresistenz, die
Resistenz gegen Sulfonamide, A-Methopterin, Erythromycin und
Canavanin zu übertragen. Bei *E. coli* konnte man die Proflavin- und
Streptomycinresistenz transformieren. Auch der umgekehrte Fall,
die Empfindlichmachung eines resistenten Stammes mit der DNS
eines empfindlichen konnte erreicht werden. HOTCHKISS[23] teilte
dies von einem streptomycinresistenten Pneumokokkenstamm
mit. Uns gelang die Empfindlichmachung von *E. coli* 113-3
streptomycinresistent, wobei wir eine spezielle Selektionstechnik
verwendeten.

Einen besonderen Fall der Transformation stellt die Umwandlung einer Mangelmutante von *E. coli* in einen auxotrophen Stamm dar. CHARGAFF[20], der bei der lysinbedürftigen Mutante *E. coli* 26-26 mit der Nucleinsäure des Wild-Typs die Lysinbedürftigkeit aufhob, bezeichnet dies als Reintegration. Uns gelang es, die Vitamin B_{12}- bzw. Methioninbedürftigkeit bei *E. coli* 113-3 und die Uracil(Pyrimidin)-bedürftigkeit bei *E. coli* 63-86 aufzuheben.

Auch gelang die gleichzeitige Übertragung von zwei Eigenschaften. Dabei ist der Prozentsatz der transformierten Zellen wesentlich geringer. Bei Pneumokokken konnte HOTCHKISS[22] zusammen mit der Kapselform auch die Penicillinresistenz übertragen. Bei *E. coli* war es uns möglich, die Empfindlichmachung für Streptomycin mit der Fähigkeit zur Synthese von Vitamin B_{12} zu übertragen.

Bei den bisher mitgeteilten Transformationen waren der Donator- und Receptorstamm von der gleichen Bakteriengattung. In oft wiederholten Experimenten ließen wir DNS-Präparationen von penicillin- und sulfonamidresistenten Colistämmen auf empfindliche Pneumokokken einwirken. Die bei Penicillin und Sulfonamid (Sulfathiazol) häufig beobachtete Resistenzsteigerung möchten wir vorläufig noch nicht als einen echten Fall von Transformation werten. Die Gründe hierfür seien weiter unten dargelegt. Eine Ausbildung der Streptomycinresistenz konnte in diesen Experimenten nicht gezeigt werden. (Die Stämme und transformierten Eigenschaften sind in Tab. 1 zusammengestellt.)

Chemische Eigenschaften des transformierenden Agens

Wie schon erwähnt, fanden AVERY, MACLEOD u. McCARTY[4], daß das gereinigte transformierende Agens (TA) die Eigenschaften hochpolymerer DNS besitzt. Folgende Befunde sprechen dafür: a) die Elementaranalyse; b) mittels chemischer Methoden konnten keine Substanzen außer DNS nachgewiesen werden; c) mit serologischen Testen konnten keine immunologisch aktiven Substanzen entdeckt werden; d) von den verschiedensten Enzymen zerstört nur Desoxyribonuclease die transformierende Aktivität; e) physikalische Untersuchungsmethoden zeigten, daß die transformierende Substanz hochpolymer ist.

Tabelle 1. *Transformationen*

Transformierte Eigenschaften	Donatorstamm	Receptorstamm
Kapselantigene		
Typ III		*D. pneumoniae*
Typen II, VI, XIV		*D. pneumoniae*
Typen I, VIII		*D. pneumoniae*
Intermediärer Typ II		*D. pneumoniae*
Intermediärer Typ III		*D. pneumoniae*
Wiederhergestellter Typ III . . .		*D. pneumoniae*
Abweichender Typ III		*D. pneumoniae*
Typen a, b, c, d, e, f		*H. influenzae*
Gemischter Typ a b		*H. influenzae*
Typen I, II		*N. meningitidis*
Antigen S_1		*E. coli*
Andere Oberflächenfaktoren		
Rauh-(nicht faseriges)-Antigen .		*D. pneumoniae*
Extrem rauh (faserig)		*D. pneumoniae*
M-Protein-Antigen		*D. pneumoniae*
Arzneimittelresistenz		
Penicillin		*D. pneumoniae*
Streptomycin	*D. pneumoniae*	*S. viridans*
Streptomycin	*S. viridans*	*D. pneumoniae*
Streptomycin	*S. salivarius*	*D. pneumoniae*
Streptomycin	*S. salivarius*	*S. viridans*
Streptomycin		*D. pneumoniae*
Streptomycin		*H. influenzae*
Streptomycin		*E. coli*
Streptomycin	*E. coli*	*D. pneumoniae*
Streptomycin		*D. pneumoniae*
Sulfanilamid		*D. pneumoniae*
Streptomycin		*D. pneumoniae*
Canavanin		*D. pneumoniae*
Streptomycin		*Xantomonas*
Sulfathiazol		*D. pneumoniae*
Sulfathiazol	*E. coli*	*D. pneumoniae*
Erythromycin		*H. influenzae*
Sulfanilamid		*D. pneumoniae*
Proflavin		*E. coli*
A-Methopterin		*D. pneumoniae*
Arzneimittelempfindlichkeit		
Streptomycin		*E. coli*
Streptomycin		*D. pneumoniae*
Sonstige Eigenschaften		
Mannit-Oxydation		*D. pneumoniae*
Salicin		*D. pneumoniae*
Lysin-Eigensynthese		*E. coli*
Pyrimidin-Eigensynthese		*E. coli*
Vitamin B_{12}-(Methionin)-Eigensynthese		*E. coli*

mittels DNS-Präparationen

Autoren	Jahr	Literatur-stelle
AVERY, MacLEOD, McCARTY	1944	4
AVERY, McCARTY	1946	43
AUSTRIAN	1952	44
MacLEOD, KRAUSS	1947	45
TAYLOR	1949	46
EPHRUSSI-TAYLOR	1951	47
HOTCHKISS, BEISER	1954	48
ALEXANDER, LEIDY	1951	7
ALEXANDER, HAHN, LEIDY	1953	49
ALEXANDER, REDMAN	1953	8
BOIVIN, DELAUNAY, LEHOULT, VENDRELY	1945	16
TAYLOR, AUSTRIAN	1949/53	46, 50
AUSTRIAN, TAYLOR	1949/53	50, 51
AUSTRIAN, MacLEOD	1949	52
HOTCHKISS	1951	22
BRACCO, KRAUSS, ROE, MacLEOD	1957	53
BRACCO, KRAUSS, ROE, MacLEOD	1957	53
BRACCO, KRAUSS, ROE, MacLEOD	1957	53
BRACCO, KRAUSS, ROE, MacLEOD	1957	53
HOTCHKISS, FOX	1951/52/54/57	22, 25, 54, 35
ALEXANDER, LEIDY	1953	55
WACKER et al.	1958	21
WACKER et al.	1958	21
LERMAN, TOLMACH	1957	31
LERMAN, TOLMACH	1957	31
EPHRUSSI-TAYLOR, FURNESS	1957	30
EPHRUSSI-TAYLOR, FURNESS	1957	30
COREY, STARR	1957	56
WACKER	1958	21
WACKER	1958	21
GOODGAL, HERRIOTT	1957	57
HOTCHKISS, MARMUR	1954	23
THORNLEY, SINAI, YUDKIN	1957	19
DREW	1957	58
WACKER et al.	1958	21
HOTCHKISS, MARMUR	1954	23
HOTCHKISS, MARMUR, LERMAN, TOLMACH	1954/57	23, 31
AUSTRIAN, COLOWICK	1953	59
CHARGAFF et al.	1957	20
WACKER et al.	1958	21
WACKER et al.	1958	21

Trotz all dieser Tatsachen bleiben immer noch einige Zweifel bestehen, ob das transformierende Agens tatsächlich mit DNS identisch ist. Denn auch mit den empfindlichsten Nachweismethoden für Eiweiß läßt sich nicht ausschließen, daß eine geringe Menge Eiweiß ($< 1\%$) in den DNS-Präparaten vorhanden ist, die für die biologische Wirkung verantwortlich gemacht werden könnte. Man könnte auch annehmen, daß nicht die DNS allein, sondern ein Nucleoprotein die wirksame Substanz ist. Wenn auch durch proteolytische Enzyme die transformierende Aktivität nicht zerstört wird, so ist das noch kein Beweis dafür, daß das TA keine Proteinnatur besitzt.

Insbesondere Hotchkiss u. Zamenhof haben sich im Laufe der letzten Jahre intensiv mit der chemischen Natur des TA beschäftigt und versucht, die kritischen Einwände gegen die DNS-Natur zu widerlegen. Durch Reinigungsoperationen wurden TA-Präparate erhalten, die weniger als $0,4\%$ (Zamenhof[24]) bzw. $0,2\%$ (Hotchkiss[25]) Protein enthielten, bezogen auf DNS. Bei der Enteiweißung wurde kein Verlust der Wirksamkeit festgestellt. Denaturierungsversuche mit Hitze zeigten, daß das TA seine Aktivität bei einer Temperatur verliert, die auch die Viscosität reiner DNS-Lösungen ändert ($81°$, 1 Std.). Proteine werden bereits unter dieser Temperatur denaturiert.

Die chemische Analyse der Basenbausteine[26] der DNS läßt unseres Erachtens keine Rückschlüsse auf die Reinheit und Spezifität des TA zu. Dazu ist die DNS zu heterogen. Kürzlich haben Bendich et al.[27] das transformierende Agens der Streptomycinresistenz von Pneumokokken an basisch substituierter Cellulose (*Ecteola*) chromatographiert und dabei gefunden, daß die Fraktionen mit dem höchsten Molekulargewicht die relativ größte Transformationsaktivität besitzen. Molekulargewichtsbestimmungen nach den verschiedensten Methoden ergaben einen Wert für das TA von $430\,000$ bis 7×10^6 [24]. Marmur und Fluke[28] wiesen darauf hin, daß die Transformationsaktivität mit den verschiedensten Molekülgrößen verbunden ist. Vorläufige Versuche zeigten, daß die Streptomycin- und Penicillin-Transformationsaktivität einer DNS an *Ecteola*-Säulen getrennt werden kann[29].

Durch die verhältnismäßig geringe Stabilität des TA sind naturgemäß die chemischen Untersuchungen erschwert. Wichtig ist vor allen Dingen, die DNS in nativem Zustand aus den

Bakterienzellen zu isolieren. Aus einer Reihe von Verfahren hat sich hierfür die Lyse der Zellen mit Desoxycholsäure oder Na-Dodecylsulfat (Duponol) in Gegenwart von Citrat zur Hemmung der Desoxyribonuclease am besten bewährt. Die mit Alkohol wiederholt umgefällte DNS wird anschließend mit Chloroform-Oktanol enteiweißt.

Mit der Entdeckung von HOTCHKISS, daß sich auch die Arzneimittelresistenz transformieren läßt, war es möglich, quantitative Untersuchungen mit dem TA anzustellen. Dabei ergab sich, daß für die volle Aktivität des TA einige Faktoren von Wichtigkeit sind: So unter anderem die Hemmung der Desoxyribonuclease, die Abwesenheit von Eisen-II-Ionen und die Ionenkonzentration bei der Dialyse[24].

Ausführlich wurde auch die Inaktivierung des TA mit UV-Licht und mit Röntgenstrahlen untersucht[24, 30]. Eine Dosis von 500 erg/mm² verursacht eine 1000fache Inaktivierung des TA von H. influenzae. Interessant ist, daß diese Dosis wesentlich geringer ist (500mal) als die, die eine Änderung der Viscosität von DNS bewirkt. Bei Bestrahlungsversuchen zeigte sich ferner, daß der Streptomycinresistenz-Faktor gegen freie Radikale, die sich in Wasser bei der Bestrahlung bilden, extrem empfindlich ist.

Es gibt aber auch Agenzien, die keine Zerstörung des TA verursachen, so z. B. einige proteindenaturierende Stoffe. Dies könnte ein Hinweis dafür sein, daß das TA kein Protein ist. Weiterhin gehören dazu Substanzen, die mutagene Aktivität besitzen, wenn auch einige davon das TA inaktivieren, und solche, die carcinogen sind, wie z. B. Methylcholantren, Urethan und Azo-Farbstoffe.

Mechanismus der Transformation

Unter welchen Bedingungen verläuft nun die Transformation? Wie schon erwähnt, ist es mit Hilfe der Resistenzübertragung möglich, einen näheren quantitativen Einblick in den Mechanismus der Transformation zu bekommen. Betrachten wir die Übertragung der Streptomycinresistenz, die am häufigsten untersucht wurde. Die unter schonenden Bedingungen z. B. aus dem Pneumokokken-Stamm FMS, (streptomycin- und sulfanilamidresistent und Mannit oxydierend) gewonnene DNS läßt man in Gegenwart von Serumalbumin auf einen empfindlichen Pneumokokken-

Stamm einwirken.[31] Dabei geht man so vor, daß die Kultur der Receptorzellen nach ungefähr 4 Std. Bebrütung bei 37° auf 25° abgekühlt wird. Dann erwärmt man wieder auf 37° und mischt die Kultur mit der Donator-DNS. Wenige Minuten (etwa 5 min) Berührung der Receptorzellen mit dem TA genügen, daß ein bestimmter Prozentsatz der Keime die Eigenschaften des Donatorstammes annimmt[32]. Die Reaktion kann man durch Hinzufügen von Desoxyribonuclease beenden. Durch Aussäen geeigneter Zellverdünnungen auf Agarplatten mit und ohne Streptomycin bestimmt man die Anzahl der Kolonien und berechnet daraus den Prozentsatz der transformierten Zellen.

Beim Studium der Kapseltransformation zeigte sich, daß nicht alle Stämme gleich gut als Receptorstämme geeignet sind. Das gleiche gilt auch für die Übertragung der übrigen Eigenschaften. Der Grund hierfür ist noch wenig klar; vielleicht mögen genetische Ursachen verantwortlich sein. Im Gegensatz zu *H. influenzae* ist für das Gelingen der Transformation bei Pneumokokken Serumalbumin notwendig[33, 34]. Genauere Untersuchungen zeigten, daß in dem Serum ein dialysierbarer Faktor enthalten ist, der durch Pyrophosphat-Ionen ersetzbar ist, und weiterhin eine Proteinfraktion, ersetzbar durch die Fraktion V von Rinderserumalbumin. Durch diese Faktoren könnte eine Sensibilisierung der Zellen eintreten, obgleich praktisch nur etwa 1% transformiert werden. Auch bei dem Reintegrationsphänomen bei *E. coli* ist die Anwesenheit von Serumalbumin notwendig, obwohl hierfür andere Gründe vorliegen mögen (Stabilisierung der Protoplasten). Bei *H. influenzae* ist der Prozentsatz der transformierten Zellen wesentlich kleiner als bei Pneumokokken.

LERMAN, TOLMACH[31] und FOX[35] veröffentlichten kürzlich Transformationsexperimente mit einer ^{32}P-markierten DNS. Übereinstimmend fanden beide Arbeitsgruppen, daß die Transformation der Streptomycinresistenz direkt proportional der inkorporierten Menge DNS ist. Quantitative Untersuchungen zeigen, daß vielleicht nur eine Fraktion der inkorporierten DNS Transformationsaktivität besitzt. Die Zellen vermögen etwa die 2—10 fache Menge ihres DNS-Gehaltes an DNS aufzunehmen. Während die Aufnahme der DNS nicht spezifisch an die gleiche Bakterienart gebunden ist, werden im Gegensatz dazu weder Ribonucleinsäure noch stark abgebaute DNS inkorporiert.

Interessant ist ein Vergleich der durch verschiedene Bakterien aufgenommenen DNS-Mengen. Im Gegensatz zu Pneumokokken nehmen *E. coli* B, *E. coli* K 12, *Micrococcus* sp., *Streptococcus faecalis*, *Saccharomyces cerevisiae* K und *Streptococcus salivarius* nur den 100.—500. Teil DNS pro Zelle auf. Der DNS-Gehalt einer Pneumokokken-Zelle beträgt etwa $1,5$—$4,9 \times 10^{-15}$ g[31].

Der Grund für das Mißlingen der Transformationsversuche bei *E. coli* könnte in der geringen DNS-Aufnahme liegen. CHARGAFF hat bei seinen Experimenten mit *E. coli* zur Aufnahme des TA die Zellen in die Protoplastenphase überführt. Wie weit man bei *E. coli* überhaupt mit Hilfe von Penicillin oder Lysozym echte Protoplasten, d. h. Bakterien ohne Zellmembran, erhalten kann, sei dahingestellt.

Bei unseren Versuchen der Übertragung der Vitamin B_{12}-Eigensynthese und der Pyrimidinnichtbedürftigkeit, ebenso der Transformation der Streptomycinresistenz, verwendeten wir eine ähnliche Arbeitsmethode wie CHARGAFF. Bei der Empfindlichmachung eines streptomycinresistenten Stammes von *E. coli* benutzten wir das folgende Verfahren: *E. coli* 113-3, eine Vitamin B_{12}-bedürftige Mutante, wurde in laufenden Passagen in einem streptomycinhaltigen Nährmedium resistent gezüchtet. Donatorstamm für die DNS war der Wildstamm *E. coli* 9637. Nach der Duponol-Methode wurde aus *E. coli* 9637 die DNS gewonnen und auf Protoplasten von *E. coli* 113-3 streptomycinresistent in einer Konzentration von etwa 1000 γ/ml einwirken gelassen. Danach wurden die Zellen auf Agarplatten ohne Vitamin B_{12} ausgesät und die Transformation qualitativ überprüft. Zu diesem Zweck wurden Abimpfungen in flüssiges Medium ohne Vitamin B_{12} mit und ohne Streptomycin gemacht. Es wuchsen dabei nur die Vitamin B_{12}-auxotroph gewordenen Zellen, deren Hemmbarkeit gegen Streptomycin sich leicht ermitteln ließ. Die Selektion gegenüber dem resistenten Ausgangsstamm war also einfach durchzuführen.

Diskussion

Wenn wir uns mit dem Problem der Transformation beschäftigen, so erhebt sich immer wieder die Frage, ob es tatsächlich die DNS ist, die eine Eigenschaft überträgt, und welche Reaktion sich dabei in der Zelle abspielt. Obgleich die bemerkenswerten Arbeiten mit ^{32}P-markierter DNS[31, 35] klar gezeigt haben, daß die

Transformation mit der aufgenommenen Menge DNS parallel geht, so wissen wir nicht, ob die angebotene DNS selbst als Baustein verwendet wird oder nur als Matrize dient. Betrachtet man die Kinetik der Transformation der Streptomycinresistenz, so zeigt sich, daß man deutlich zwei Schritte unterscheiden kann[32]. In dem ersten Schritt, der sehr schnell abläuft, und der unmittelbar nach

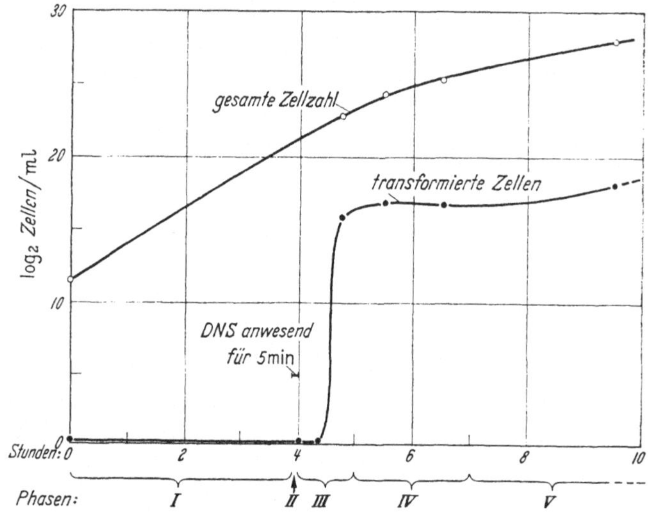

Abb. 1. Kinetik der Transformation der Streptomycinresistenz bei Pneumokokken bei 37° nach R. D. HOTCHKISS in "The Chemical Basis of Heredity", Johns Hopkins Press, Baltimore 1957, S. 325

dem Einwirken der DNS beginnt, bildet sich eine große Menge transformierter Zellen. Hierauf folgt eine Phase von 1—2 Std., in der kein weiterer Anstieg mehr erfolgt. Erst danach nimmt die Zahl der transformierten Zellen wieder langsam, exponentiell zu. In Abb. 1 ist in zwei Kurven einmal die gesamte Zellzunahme und zum anderen die der transformierten Zellen aufgezeichnet. Aus ihnen geht deutlich hervor, daß die Gesamtkultur noch wächst, wenn das "lag-Plateau" der transformierten Keime erreicht worden ist.

Verfolgen wir bei der Transformation den Grad der übertragenen Resistenz, so fällt uns auf, daß im Falle des Streptomycins schon durch einmaliges Einwirken des TA volle Resistenz des Donatorstammes erreicht wird, bei Penicillin und Sulfonamid dagegen nicht. Hier kommt es nur durch wiederholtes Einwirken des TA zur vollen Ausbildung der Resistenz. Bei der ersten Transformation beobachtet man nur eine kleine Steigerung der Resistenz. Züchtet man Bakterien gegen Streptomycin resistent, so zeigt sich, daß einzelne Keime schon in einem Schritt voll resistent werden. Bei Penicillin und Sulfonamid erfolgt jedoch nur eine schrittweise Zunahme der Resistenz. Bei der Transformation könnte sich vielleicht ein ähnlicher Vorgang widerspiegeln, wie er bei dem Zustandekommen der Resistenz vorhanden ist.

HOTCHKISS, der kürzlich erstmalig eine ausführliche Analyse der Sulfanilamid-Transformation veröffentlichte[36], kommt dabei zu dem Schluß, daß der Grund der Resistenz eine geänderte Affinität der Zellreceptoren für den Hemmstoff (Sulfanilamid) und den Wuchsstoff (p-Aminobenzoesäure) ist. Sollte sich dies beweisen, so hätten wir die Tatsache, daß DNS-Partikel eine genetische Kontrolle über Eigenschaften ausüben, die in einem Proteinmolekül die Affinitäten für Wuchs- und Hemmstoffe ändern.

Wir haben uns nun im Laufe der letzten Jahre unter Verwendung isotopenmarkierter Verbindungen eingehend mit dem Problem der Sulfonamidresistenz beschäftigt. Wir kamen dabei zu dem Ergebnis, daß in einer sulfonamidresistenten Bakterienzelle (*E. coli* und *S. faecalis*) sich die Affinitäten für den Wuchs- und Hemmstoff zugunsten des Wuchsstoffes geändert haben[37]. Das gleiche gilt auch für die Aminofolsäureresistenz[38].

Bei unseren Versuchen zur Transformation der Bakterienresistenz mit *E. coli* und Pneumokokken fiel uns auf, daß fast regelmäßig die mit TA behandelten Stämme danach besseres Wachstum zeigten, auch wenn die Resistenz-Transformation nicht nachweisbar war. YUDKIN[19], dem es gelungen ist, die Proflavinresistenz bei *E. coli* zu übertragen, berichtet merkwürdigerweise, daß die Proteinfraktion allein ebenfalls Transformations-Aktivität besitzt. Das gleiche haben wir mit Desoxyribonuclease-behandelten Protein-DNS-Extrakten beobachtet. Die Extrakte wurden aus *E. coli* und Pneumokokken gewonnen. Es zeigte sich jedoch, daß die so erworbene Resistenz nicht haltbar war, wie es bei der echten Transformation der Fall ist.

Abschließend möchte ich noch einige Ergebnisse und Gedanken mitteilen, die unser besonderes Interesse an dem Problem der

Transformation aufzeigen sollen. 1951 teilten wir in mehreren Publikationen mit, daß man Thymin in der DNS verschiedener Bakterien durch 5-Bromuracil teilweise ersetzen kann[39, 40, 41]. Es bot sich somit die Gelegenheit einer besonderen Markierung der DNS, die für eine Fraktionierung wichtig sein konnte. Nach unseren Erfahrungen läßt sich die DNS gut an *Ecteola* oder einer ähnlichen, veränderten Cellulose fraktionieren. Da mit Pneumokokken die Transformation unter reproduzierbaren Bedingungen abläuft, prüften wir daher die 5-Bromuracil-Aufnahme von Pneumokokkenstämmen mit $5\text{-}^{82}\text{Br-Uracil}$[42]. Im Gegensatz zu einer großen Zahl der verschiedensten Bakterien nehmen aber die von uns untersuchten Pneumokokkenstämme diese Substanz nicht auf. Die andere Möglichkeit, mit einem 5-Bromuracil-markierten TA zu arbeiten, bot *E. coli*. Leider lassen sich aber bei *E. coli* bisher die Versuche noch nicht mit der Exaktheit durchführen wie bei Pneumokokken.

Nachdem wir uns im Laufe der letzten Jahre mit Hilfe isotopenmarkierter Verbindungen eingehend mit dem Wirkungsmechanismus einiger Hemmstoffe des Bakterienwachstums beschäftigt und dabei auch die Frage der Bakterienresistenz untersucht haben, sind wir nun dabei, diese Experimente durch Transformationsversuche zu erweitern.

Die vorliegenden eigenen Untersuchungen wurden gemeinsam mit den Herren Dr. H. DOBBERSTEIN, Institut für Hygiene und Medizinische Mikrobiologie der Freien Universität Berlin, Dr. F. HERZ, Stipendiat der Alexander von Humboldt-Stiftung, D. HARTMANN und L. LASCHET bearbeitet.

Literatur

[1] GRIFFITH, F.: J. Hyg. **27**, 113 (1928).
[2] DAWSON, M. H., and R. H. P. SIA: J. exp. Med. **54**, 681 (1931).
[3] ALLOWAY, J. L.: J. exp. Med. **55**, 91 (1932); **57**, 265 (1933).
[4] AVERY, O. T., C. M. MacLEOD and M. McCARTY: J. exp. Med. **79**, 137 (1944).
[5] BERRY, G. P., and H. M. DEDRICK: J. Bact. **31**, 50 (1936).
[6] BERRY, G. P.: Arch. Path. (Chicago) **24**, 533 (1937).
[7] ALEXANDER, H. E., and G. LEIDY: J. exp. Med. **93**, 345 (1951); Proc. Soc. exp. Biol. (N. Y.) **78**, 625 (1951).
[8] ALEXANDER, H. E., and W. REDMAN: J. exp. Med. **97**, 797 (1953).
[9] WEIL, A. J., and M. BINDER: Proc. Soc. exp. Biol. (N. Y.) **66**, 349 (1947).

[10] DIANZANI, M. U.: Boll. ist. Sieroterap. Milan. **29**, 161 (1950); Experientia (Basel) **6**, 332 (1950); Exp. Cell. Res. **5**, 311 (1953).

[11] ROLAND, F., and C. A. STUART: Antibiotics and Chemother. **1**, 523 (1951).

[12] KATSUNUMA, N., u. H. NAKASATO: Kekkaku **29**, 19 (1954); Chem. Abstr. **48**, 5281 (1954).

[13] COLEMAN, M. F., u. J. J. REID: Phytopathol. **39**, 182 (1949).

[14] KLEIN, D. T., and R. M. KLEIN: J. Bact. **66**, 220 (1953).

[15] BRAUN, W., J. WHALLON and W. L. MAUZY: Records Gen. Soc. Amer. **23**, 35 (1954).

[16] BOIVIN, A., A. DELAUNAY, R. VENDRELY u. Y. LEHOULT: Experientia (Basel) **1**, 334 (1945).

[17] BOIVIN, A.: Cold Spr. Harb. Symp. quant. Biol. **12**, 7 (1947).

[18] BOIVIN, A., R. TULASNE et R. VENDRELY: C. R. Acad. Sci. (Paris) **225**, 703 (1947).

[19] THORNLEY, M. J., J. SINAI and J. YUDKIN: In "Drug Resistance in Micro-Organism". S. 141. London: J. & A. Churchill 1957.

[20] CHARGAFF, E., H. M. SCHULMAN and H. S. SHAPIRO: Nature (Lond.) **180**, 851 (1957).

[21] WACKER, A., et al.: Mosbacher Symposium, April 1958 (noch nicht veröffentlicht).

[22] HOTCHKISS, R. D.: Cold Spr. Harb. Symp. quant. Biol. **16**, 457 (1951).

[23] HOTCHKISS, R. D., and J. MARMUR: Proc. nat. Acad. Sci. (Wash.) **40**, 55 (1954).

[24] ZAMENHOF, S.: Progress in Biophysics **6**, 86 (1956).

[25] HOTCHKISS, R. D.: In "Phosphorus Metabolism". S. 426. Baltimore: Johns Hopkins Press 1952.

[26] HOTCHKISS, R. D.: In "The Nucleid Acids". Bd. II, S. 435. New York: Acad. Press 1955.

[27] BENDICH, A., H. B. PAHL and G. B. BROWN: In "The Chemical Basis of Heredity". S. 378 und S. 344. Baltimore: Johns Hopkins Press 1957.

[28] MARMUR, J., and D. J. FLUKE: Arch. Biochem. **57**, 507 (1955).

[29] BENDICH, A., H. PAHL u. S. BEISER: Cold Spr. Harb. Symp. quant. Biol. **21**, 31 (1956).

[30] EPHRUSSI-TAYLOR, H.: In "The Chemical Basis of Heredity". S. 299. Baltimore: Johns Hopkins Press 1957.

[31] LERMAN, L. S., and L. J. TOLMACH: Biochim. biophys. Acta **26**, 68 (1957).

[32] HOTCHKISS, R. D.: In "The Chemical Basis of Heredity". S. 321. Baltimore: Johns Hopkins Press 1957.

[33] HOTCHKISS, R. D., and H. EPHRUSSI-TAYLOR: Fed. Proc. **10**, 200 (1951).

[34] THOMAS, R.: Biochim. biophys. Acta **18**, 467 (1955).

[35] FOX, M. S.: Biochim. biophys. Acta **26**, 83 (1957).

[36] HOTCHKISS, R. D.: In "Drug-Resistance in Micro-Organisms". S. 183. London: J. & A. Churchill 1957.

[37] WACKER, A., A. TREBST u. H. SIMON: Z. Naturforsch. **12** b, 315 (1957).

[38] WACKER, A., M. EBERT u. H. KOLM: Z. Naturforsch. **13** b, 141 (1958).

[39] WEYGAND, F.: Proc. Radioisotope Techniques Conference, Juli 1951. Bd. I, S. 287.

[40] WEYGAND, F., A. WACKER u. H. DELLWEG: Z. Naturforsch. 7 b, 19 (1952).
[41] WACKER, A., A. TREBST, D. JACHERTS u. F. WEYGAND: Z. Naturforsch. 9 b, 616 (1954).
[42] WACKER, A., u. H. DOBBERSTEIN: Unveröffentlichte Arbeiten.
[43] McCARTY, M., u. O. T. AVERY: J. exp. Med. 83, 89 (1946); 83, 97 (1946).
[44] AUSTRIAN, R.: Bull. Johns Hopk. Hosp. 90, 170 (1952); 91, 189 (1952).
[45] MacLEOD, C. M., and M. R. KRAUSS: J. exp. Med. 86, 439 (1947).
[46] TAYLOR, H. E.: J. exp. Med. 89, 399 (1949).
[47] EPHRUSSI-TAYLOR, H.: Exp. Cell. Res. 2, 589 (1951).
[48] BEISER, S., and R. D. HOTCHKISS: Fed. Proc. 13, 486 (1954).
[49] LEIDY, G., L. HAHN and H. E. ALEXANDER: J. exp. Med. 97, 467 (1953).
[50] AUSTRIAN, R.: J. exp. Med. 98, 35 (1953).
[51] TAYLOR, H. E.: C. R. Acad. Sci. (Paris) 228, 1258 (1949).
[52] AUSTRIAN, R., and C. M. MacLEOD: J. exp. Med. 89, 451 (1949).
[53] BRACCO, R. M., M. R. KRAUSS, A. S. ROE and C. M. MacLEOD: J. exp. Med. 106, 247 (1957).
[54] HOTCHKISS, R. D.: Proc. nat. Acad. Sci. (Wash.) 40, 49 (1954).
[55] ALEXANDER, H. E., and G. LEIDY: J. exp. Med. 97, 17 (1953).
[56] COREY, R. R., and M. P. STARR: J. Bact. 74, 141 (1957).
[57] GOODGAL, S. H., and R. M. HERRIOTT: In "The Chemical Basis of Heredity". S. 340. Baltimore: Johns Hopkins Press 1957.
[58] DREW, R. M.: Nature (Lond.) 179, 1251 (1957).
[59] AUSTRIAN, R., and M. S. COLOWICK: Bull. Johns Hopk. Hosp. 92, 375 (1953).

Diskussion

Diskussionsleiter: Professor BUTENANDT

PETUELI (Graz): Wie groß ist die Keimausbeute bei der Transformation der Pneumokokken? Ich möchte voranstellen, daß die Transformation der Pneumokokken, bei der eine Kapsel entsteht, die vorher nicht vorhanden war, und mit der Transformation, die zu resistenten Keimen führt, nicht ganz identisch ist. Meine zweite Frage ist, wie verhalten sich die Keime, insbesondere die Pneumokokken, serologisch? Dann möchte ich eine dritte Frage stellen, wie hat man die Reinheit der Stämme, die für die Transformation verwendet wurden, geprüft? Ich möchte zu bedenken geben, daß nach neueren Ergebnissen, vor allem aus dem Robert-Koch-Institut in Berlin, die Vielfalt der scheinbar reinen Stämme erschreckend ist.

WACKER (Berlin): Nach HOTCHKISS wird etwa 1% einer Bakterienpopulation transformiert. Wir haben bei der Übertragung der Streptomycinresistenz gefunden, daß etwa 30—80% der Keime je nach den Bedingungen transformiert wurden. Zur Serologie kann ich keine Stellung nehmen; ich pflichte Ihnen bei, daß man bei der Reinheit der Stämme auf Überraschungen gefaßt sein muß. Wir haben die Originalstämme von HOTCHKISS, die er uns zur Verfügung stellte, untersucht und dabei festgestellt, daß es sich nicht um einen einheitlichen Stamm, sondern um eine morphologisch unterschiedliche Population handelte.

KAUDEWITZ (Tübingen): Zunächst einmal, was die Reinheit der Stämme betrifft. Die Stämme, die bei der Transformation mitspielen, sei es Haemophilus, sei es Pneumococcus oder seien es andere Bakterienarten, sind genetisch absolut rein. Von dieser Seite kann man das Problem auf keinen Fall mehr aufrollen. Zu der Frage der Übertragung der Fähigkeit, Kapseln zu bilden: Der nichtkapselbildende Stamm ist eine Mangelmutante des kapselbildenden. Dieser Stamm hat also durch eine Erbänderung die Befähigung zur Kapselbildung verloren; dies geschieht dadurch, daß ein Gen ausfällt, das einen einzigen Synthese-Schritt bei der Kapselbildung steuert. Es ist also eine klar definierte einzelne Mutation, und bei der Transformation wird nun dieses Gen durch sein Wildtypallel ersetzt. Das Wildtypallel befindet sich in dem Stamm, der die Kapsel bilden kann. Das ist also nichts anderes, als das Ausfüllen einer einzigen Funktion, und dadurch ist die Transformation der Befähigung zur Kaspselbildung im Prinzip identisch mit der Transformation der Befähigung zur Antibiotika-Resistenz oder zum Abbau irgendwelcher Zucker usw. Es sind also Phänomene, die sich völlig gleichen.

Dann der dritte Punkt. Es ist ganz offensichtlich so, daß durch die Transformation ein Teil der genetischen Substanz einer Spenderzelle in eine Empfängerzelle übergeht. Dabei ersetzt diese genetische Substanz in der Empfängerzelle einen bestimmten genetischen Teil und erzeugt daher eine neue Genkombination.

Ersetzen heißt in der Bakteriengenetik nicht ein mechanisches Ersetzen, sondern wir können es vielleicht so formulieren: die Nachkommen dieser transformierten Zellen oder einige der Nachkommen weisen anstelle ihrer alten DNS dieses neue homologe Stück auf. Ob das nun als Matrize genommen wurde oder nicht, das ist vollkommen offen. Wir wollen aber festhalten, es entsteht ein genetisch neuer Typ, der mit dem Spendertyp identisch ist, und das ist die Grundlage dafür, daß sich auch sein Phänotyp, also seine Erscheinungsform und seine Synthesefähigkeiten ändern. Ich glaube, das sollte man einmal klar und deutlich sagen, das ist die Grundlage der Transformation.

WINKLER (Frankfurt/M.): Ich möchte fragen, ob Sie auch mit Coli-Transformationen gearbeitet haben? Haben Sie die Möglichkeit in Erwägung gezogen, daß evtl. gar keine Transformation durch eine reine DNS stattgefunden hat, sondern eine Transduktion durch temperierte Phagen? Haben Sie einmal geprüft, ob das Filtrat des Donatorstammes Phagen enthält?

WACKER: Wir haben die DNS-Präparate, um sie keimfrei zu machen, durch Bakterienfilter hindurchgeschickt. Auf Phagen haben wir sie nicht geprüft. Durch die Kontrollen glauben wir jedoch, daß es sich tatsächlich nur um reine DNS handelte.

WINKLER: Dann sagten Sie, Sie hätten die streptomycinsensiblen, also die durch Transformation sensibel gewordenen Zellen indirekt festgestellt, indem Sie die Vitamin B_{12}-positiven Zellen abgeimpft hätten. Waren alle Vitamin B_{12}-positiven Zellen auch zugleich streptomycinsensibel?

WACKER: Nein, das war nicht der Fall. Es war nur ein Teil der B_{12}-positiven auch wieder sensibel geworden; andererseits muß man auc h rücksichtigen, daß nur die Empfindlichmachung übertragen wird und nicht gleichzeitig die B_{12}-Eigensynthese.

WEIDEL (Tübingen): Sie haben einen Fall beschrieben, wo Sie gleichzeitig Vitamin B_{12}-Eigensynthese und Streptomycinempfindlichkeit transformierten. Das ist sehr bemerkenswert. Haben Sie bei dieser Transformation auch Zellen beobachtet, die nur eine der beiden Eigenschaften transformiert bekamen ?

WACKER: Ja, der Fall, daß B_{12}-Eigensynthese *und* Streptomycinempfindlichkeit transformiert wurden, war äußerst gering. Bei den Coli-Experimenten gelangen nur etwa 50% und bei diesen 50% sind auch nur ganz wenige Zellen wieder empfindlich geworden.

WEIDEL: Also sind es wahrscheinlich ungekoppelte Faktoren. Es wäre sehr seltsam, wenn sie gekoppelt wären.

WACKER: Wir könnten dies durch Fraktionierung der DNS beweisen, und zwar so, daß in einer Fraktion B_{12}-Eigensynthese und in einer anderen Fraktion Streptomycinempfindlichkeit gefunden würde.

FISCHER (Frankfurt/M.): Ich finde es erstaunlich, daß das 2—10fache der DNS in das Bak.erium hineinkommen kann. Bei Coli war die Arbeitshypothese doch so, daß es da nicht geht, weil nicht so viel hineingeht. Wenn es nur ein Teil der Matrize ist, so wäre also bei der großen Menge, die hineingeht, die Möglichkeit gegeben, daß eine Spur Protein-Verunreinigung mit dabei ist. Zweitens: haben Sie Befunde von YUDKIN erwähnt, der mit der Proteinfraktion Transformationen auslösen konnte ?

WACKER: YUDKIN teilte kürzlich mit, daß es ihm gelungen sei, bei Coli die Proflavinresistenz zu übertragen. Er hat dabei einmal die DNS allein untersucht und dann das Eiweiß, das er von der DNS abgetrennt hatte. Er stellte fest, daß die DNS allein eine geringe oder kaum eine Wirkung hatte, dagegen das Protein besonders wirksam war. Wenn er die beiden wieder vereinigt hatte, bekam er die volle Aktivität.

FELIX (Frankfurt/M.): Herr WACKER, wenn ich Sie richtig verstanden habe, sollen Oligonukleotide nicht in die Bakterienzelle eindringen können, wohl aber die Nukleinsäure ?

WACKER: Oligonukleotide haben wir nicht geprüft. Native und geringfügige mit DNase abgebaute DNS dringt in die Zelle ein, dagegen stark abgebaute nicht.

FELIX: Ist es möglich gewesen, eine Nukleinsäure, die bereits eine „Transforming-Eigenschaft" besaß, in eine andere Transformingnukleinsäure umzuwandeln ?

WACKER: Nein. Die Schwierigkeit bei den Experimenten liegt darin: bei den Pneumokokken kann man jederzeit reproduzierbar arbeiten, aber das Arbeiten mit Pneumokokken ist etwas umständlich. Dagegen bei Colis, mit denen man leichter experimentieren könnte, gelingt das Reproduzieren nicht gut.

FELIX: Und das geht auch bei Protoplasten ? Aber noch nicht bei Zellfraktionen ?

WACKER: Nein, bei Zellfraktionen noch nicht.

Kuhn (Heidelberg): Es wird viel der Ausdruck gebraucht, daß die Zelle von Desoxyribonukleinsäure so viel aufnimmt, und andererseits wieder, daß so viel eindringt. Man kann sich vorstellen, daß manches in der Zellmembran einfach hängen bleibt. Wenn Sie aber radioaktiv-markierte DNS haben, so könnte man ja auch mal versuchen, da noch die Zellmembran und das Innere der Zelle getrennt auszuzählen. Liegen derartige Versuche vor ?

Wacker: Nein.

Slonimski (Paris): I would just like to make a few comments about transformation, about some problems that Prof. **Kuhn** has raised and other people have raised. First the concentration and the number of molecules of DNA that are taken up by the bacterium undergoing transformation. This has been tested under several ways first by using isotope labelled DNA or as comparing chemical and biological criteria of titration. First the number of molecules taken up by bacteria is extremely small. It is chemically spoken (by chemical methods, not isotope methods) less than 0,1%. It can be assessed by isotopic methods but not by chemical methods. Nevertheless you have to have much more molecules present, than the number that is taken up. If one plots the concentration of DNA against the percentage of transformation one finds a direct linear relationship. Furthermore the titration of the remaining DNA by biological criteria reveals the same value. The second point concerns the Streptomycin resistance and Streptomycin transformation. One has to distinguish clearly between the expression of the phenotype that takes a little time and the genetic transformation. The experiment can be very simply done. One plates simultaneously on two types of dishes one containing Streptomycin from the very beginning, the other not containing Streptomycin. Those containing no Streptomycin are overlayed one hour or two hours later with Streptomycin containing agar and one counts the number of resistant clones on both. And one finds that the genetic transformation is an extremely rapid phenomenon, it takes one or may be two minutes, while the expression of the Streptomycin resistance (phenotype) takes about 60 minutes.

Roka (Frankfurt/M.): Darf ich zwei Fragen zur Technik der Transformationsversuche stellen ? Erstens, spielt es eine Rolle, durch welche Ionen die Nukleinsäure neutralisiert wird ? Zweitens, welche Rolle spielt das Serumalbumin, kann es durch irgendein Eiweiß ersetzt werden ?

Wacker: Zur ersten Frage. Von uns liegen derartige Versuche nicht vor, auch in der Literatur ist es mir nicht aufgefallen, daß das Natrium- oder Kaliumsalz der Desoxyribonukleinsäure besondere Eigenschaften hat. Quantitativ ist es bei der Transformation schwer zu sagen, ob die eine Nukleinsäure 10% wirksamer ist als die andere.

Das Serumalbumin ist bei den Pneumokokken ein sensibilisierendes Agenz. Warum es zum Beispiel bei *H. influenzae* nicht gebraucht wird, weiß man nicht. Man hat festgestellt, daß ein Teil des Serumalbumins durch Pyrophosphat ersetzbar ist oder durch Fraktion V von Rinderserumalbumin. Bei den Coli-Versuchen nimmt man das Albumin zum Präparieren und Stabilisieren der Protoplasten.

NETTER (Kiel): Inzwischen sind die meisten Fragen, die ich stellen wollte, schon beantwortet. Es handelt sich um die Frage, wie kommt das ganze Material hinein, wirkt es von der Membran aus oder wirkt es dadurch, daß gewisse niedrig molekulare Fraktionen der Nucleinsäure hineinkommen? Es sieht ja sehr verdächtig aus, daß die hochpolymeren Fraktionen auch die wirksamsten sind. Das würde gewisse Schwierigkeiten für das Eindringen bedeuten. Nun wollte ich Sie fragen, können Sie evtl. Auskünfte dadurch erwarten über den Zustand dessen, was hineingegangen ist, daß man etwas über das Molekulargewicht der Nucleinsäurefraktionen herausbekommt, die hineingegangen sind? Denn daß die großen Molekel wirklich besser hineingehen als die kleinen, ist von vornherein unwahrscheinlich, so weit man einfache physikalische Prozesse annimmt.

WACKER: Die Schwierigkeit liegt darin, Nucleinsäure zu fraktionieren. Mit den bisher bekannten Methoden, auch mit der Ultrazentrifuge, läßt sich eine Aufteilung der Nucleinsäure in dem Ausmaß, wie es bei der Chromatographie der Fall ist, nicht erreichen. Wenn nun die kleineren Fraktionen keine transformierende Aktivität oder weniger besitzen, kann es darauf zurückzuführen sein, daß sie schon abgebaut sind, und daß vielleicht gerade an der Stelle, an der die transformierende Aktivität sitzt, die Sache durchbrochen ist; daß also die größeren Moleküle auch nativer sind. Ich glaube, daß nur durch die Chromatographie ein Fortschritt möglich ist. Man muß die Versuche von Bendich mit den Celluloseaustauschern weiterführen.

SEELICH (Wien): Ich wollte zur Frage des Eindringens noch sagen, daß Asciteszellen Kerntrümmer ohne weiteres aufnehmen können. Ich halte es daher für möglich, daß auch Assoziate von Makromolekülen auf eine ganz andere Weise in die Zelle eindringen können, als es bei anderen Versuchen, die wir gewohnt sind, der Fall ist. Es wäre denkbar, daß Phänomene hier eine Rolle spielen, die dann eintreten, wenn wir bereits eine Grenzfläche sozusagen um ein Assoziat haben, daß hier physikalische Faktoren eine Rolle spielen, die wir noch nicht genau kennen, so daß es vielleicht leichter möglich ist, daß die Zelle größere Assoziate vom Molekül aufnimmt als kleinere. Ich halte das ohne weiteres für denkbar.

WITZEL (Marburg): Ich wollte in bezug auf die Größe der DNS auf Arbeiten hinweisen, die zeigten, daß man die DNS durch bestimmte Verfahren zerkleinern und abbauen kann, daß also der Polymerisationsgrad gesenkt wird und dabei etwa proportional die transformierende Aktivität abnimmt. Es wurde auch weiterhin in einer Arbeit gezeigt, daß die DNS, wenn sie mit Ultraschall behandelt wurde, zu einem homogenen Material von etwa der Größenordnung Molekulargewicht 300000 und darunter depolymerisiert werden kann, und daß dabei die transformierende Aktivität bis auf 0,1% absinkt, aber noch offensichtlich da ist.

PIEKARSKI (Bonn): Ich möchte mir als Morphologe ein paar Bemerkungen erlauben. Wenn ich mir die Diskussion anhöre, dann meine ich, man hätte es hier nur mit einem Reagenzglas zu tun und würde nur überlegen, was tue ich hinein, was wird daraus. Ich möchte doch einmal folgendes erwähnen: In den letzten Jahren hatten wir durch die elektronenmikroskopischen Untersuchungen festgestellt, daß die Bakterienzelle, vor allem auch die

Bakterienoberfläche, ja keineswegs etwa so erscheint wie ein Panzer, der den Inhalt umschließt, und der nichts eindringen läßt. Diese Frage wurde ja schon praktisch gestellt. Wir haben schon vor vielen Jahren die ersten elektronenmikroskopischen Untersuchungen an den Bakterien gesehen und dabei festgestellt, daß bei Kokken und Sarcinen die Oberfläche keineswegs ganz glatt ist, sondern man hat neuerdings in zunehmendem Maße festgestellt, daß hier solche merkwürdigen Filamente auftreten; man weiß im Grunde nicht, was sie bedeuten. Ich könnte mir vorstellen, daß diese hochpolymeren Stoffe vielleicht mit Hilfe dieser Filamente in die Zelle eindringen, denn wir haben ja gehört, daß dieses transformierende Agenz offenbar sehr schnell in die Zelle hineingeht und die Wirkung bereits nach wenigen Minuten einsetzt. Wenn das hier alles also eine sehr resistente Zellwand wäre, die wir ja elektronenmikroskopisch sehr schön darstellen können, dann wäre tatsächlich die Frage berechtigt, können diese Stoffe so schnell hier eindringen ? Vielleicht könnte die Tatsache, daß diese Filamente da existieren, die Erklärung etwas erleichtern.

KAUDEWITZ: Das Eindringen der DNS ist nicht ein physikalischer Vorgang, einfach ein Durchbohren einer Wand, sondern sehr wahrscheinlich etwas ähnliches wie eine Phagocytose oder wie man es nennen soll. Und das würde gerade erklären, warum besonders große Moleküle besonders leicht hineingehen.

BUTENANDT: Nun möchte ich Ihnen, Herr WACKER, noch einmal für Ihren sehr interessanten Vortrag danken und auch allen Diskussionsrednern für die anregende Diskussion.

Transduktion

Von

FRITZ KAUDEWITZ

Max-Planck-Institut für Virusforschung, Tübingen

Mit 15 Textabbildungen

Die bakteriengenetische Forschung verfügt bisher über drei
verschiedene Methoden, genetische Substanz aus einer Spenderzelle
in eine andere, als Empfänger dienende Bakterienzelle zu übertragen. Der Vorgang der *Transformation* (Abb. 1), wie er zuerst

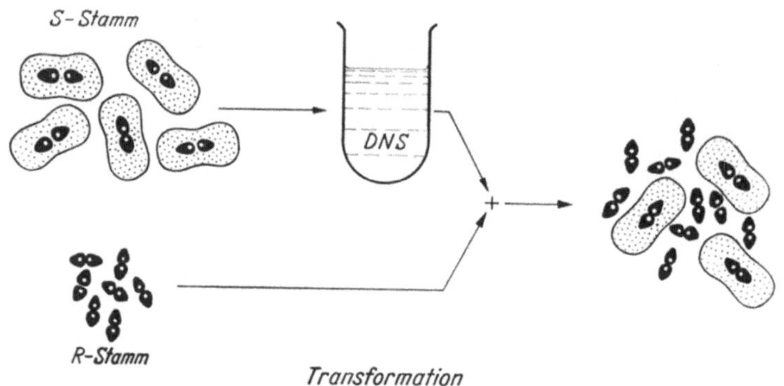

Abb. 1. Übertragung der genetisch bedingten Fähigkeit zur Kapselbildung durch Transformation auf nicht kapselbildende Zellen von *Pneumococcus* (Schema)

bei *Pneumococcus* beobachtet wurde, beruht dabei auf der „Transplantation" von freier DNS der Spender- in die Empfängerzelle[1, 2].
Zumindest in der Art des Transportes grundsätzlich davon unterschieden ist die Rekombination von Genomteilen (Abb. 2) zweier
Zellen nach parasexuellen Vorgängen, wie sie sich bei *Escherichia
coli* Stamm K 12 beobachten lassen[3]. In diesem Falle (Abb. 3) ist
die Übertragung an den körperlichen Kontakt zweier Zellen
gebunden[4], deren eine aktiv als Spender[5, 6], die andere passiv als
Empfänger wirkt. Die überragende Bedeutung der bisherigen

Transformationsforschung lag in dem eindrucksvollen Nachweis, daß die genetische Substanz der Bakterienzelle zumindest als

notwendigen Bestandteil DNS enthält, ja sehr wahrscheinlich sich aus reiner DNS aufbaut. Die Transformationsforschung hatte damit in erster Linie die Untersuchung der *chemischen Zusammensetzung des Baumaterials der Gene* zum Gegenstand. Der Schwerpunkt der Untersuchungen nach genetischer Rekombination bei *E. coli* Stamm K 12 liegt auf anderem Gebiete. Sie ermöglichen die *Kartierung einzelner Genloci* innerhalb der Gesamtheit des Bakterien-Genoms. Ihre Ergebnisse beweisen eindeutig, daß auch bei Bakterien die Genorte in linearer Aufeinanderfolge angeordnet sind. Da es bisher als fraglich erscheint, ob Bakterien echte Chromosomen besitzen, möchte ich das stoffliche Äquivalent dieser linear angeordneten Genorte, einem Vorschlag von A. Kühn folgend, als *Lineom* bezeichnen.

Ein dritter Weg der Rekombination von Teilen

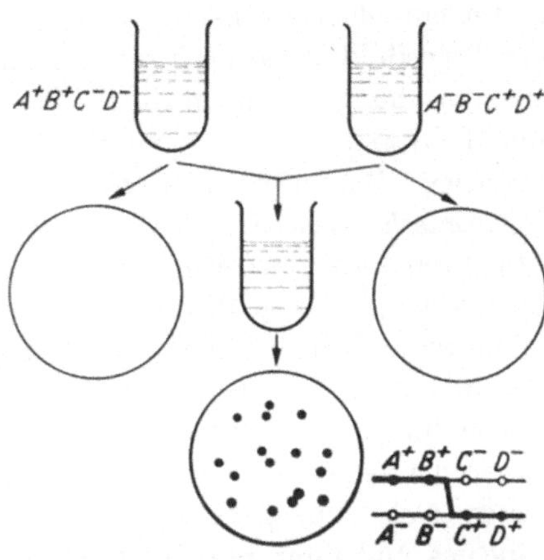

Abb. 2. Rekombination des Genoms zweier doppelter Mangelmutanten von *E. coli* Stamm K 12, zum Wildtyp (Schema)

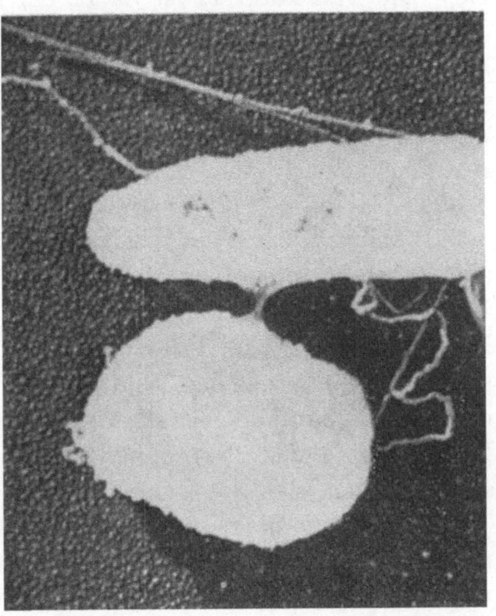

Abb. 3. Elektronenoptische Aufnahmen zweier rekombinierender Bakterienzellen von *E. coli* Stamm K 12, verschiedenen Paarungstyps (aus WOLLMANN, JACOB und HAYES, 1956)

des genetischen Materials zweier Bakterienzellen zu einem neuen vollständigen Genom ist derjenige der *Transduktion*[7]. Diese bildet den eigentlichen Gegenstand meiner Ausführungen. Die Entdeckung der Transduktion ist noch recht jung. Dennoch hat die Transduktionsforschung vor allem durch Untersuchungen der Arbeitskreise um M. DEMEREC und J. LEDERBERG sehr interessante Ergebnisse gezeitigt. Bakteriengenetische Forschung ist fast ausschließlich *biochemische Genetik:* Als Beobachtungsmaterial dienen meist *Mangelmutanten*, welche gegenüber dem Wildtyp durch Erbabänderung die Befähigung zur Durchführung eines ganz bestimmten Schrittes innerhalb der Synthese-Kette einer nicht im Minimal-Medium vorhandenen, für die Zelle jedoch lebenswichtigen Verbindung eingebüßt haben. Bei Anwendung des Transduktionsexperimentes als Weg der Rekombination bakteriellen Erbgutes lassen sich Aussagen über die Feinstruktur des bakteriellen Lineoms und ihrer Beziehung zur genetischen Wirkung machen. Diese genetische Wirkung wird im Versuch als Beeinflussung bestimmter, durch Enzyme katalysierte Syntheseschritte erkennbar. Die Transduktion ist daher ein ausgezeichnetes Mittel, die Chemie der Genwirkung auf der Ebene der Steuerung der Enzym-Synthese zu studieren.

Die Entdeckung der Transduktion geht auf einen Versuch von ZINDER und LEDERBERG aus dem Jahre 1952 zurück[8]. Die Autoren beobachteten, daß nach Mischung von Zellsuspensionen je einer Histidin- und Tryptophan-Mangelmutanten von *Salmonella typhimurium* Wildtypzellen auftraten, welche die Fähigkeit zur Synthese von Histidin und Tryptophan aufwiesen. Durch Kontrollversuche ließ sich ihr Auftreten als Rückmutation von Mangelmutanten zum Wildtyp ausschließen. Es mußte vielmehr eine Rekombination des Wildtyp-Genoms vorliegen, bei welcher der Tryptophan-Mangelstamm das Histidin$^+$-Allel, der Histidin-Mangelstamm das Tryptophan$^+$-Allel beisteuerte. Weitere Versuche zeigten, daß die Rekombination weder auf dem Wege der Transformation noch als parasexueller, an die körperliche Berührung zweier Bakterienzellen gebundener Vorgang durchgeführt wurde. Es lag vielmehr ein dritter, bisher noch unbekannter Typ der Übertragung von Teilen des genetischen Materials einer Spender- in eine Empfängerzelle vor. Die weiteren Untersuchungen ergaben, daß der Transport des genetischen Materials *an*

Partikel von Virusgröße gebunden ist, welche sich als *Bakteriophagen* erwiesen.

Bakteriophagen[9] sind Viren, die nur in Bakterienzellen zur Vermehrung gelangen können. Ihre einzelnen Partikel (Abb. 4)

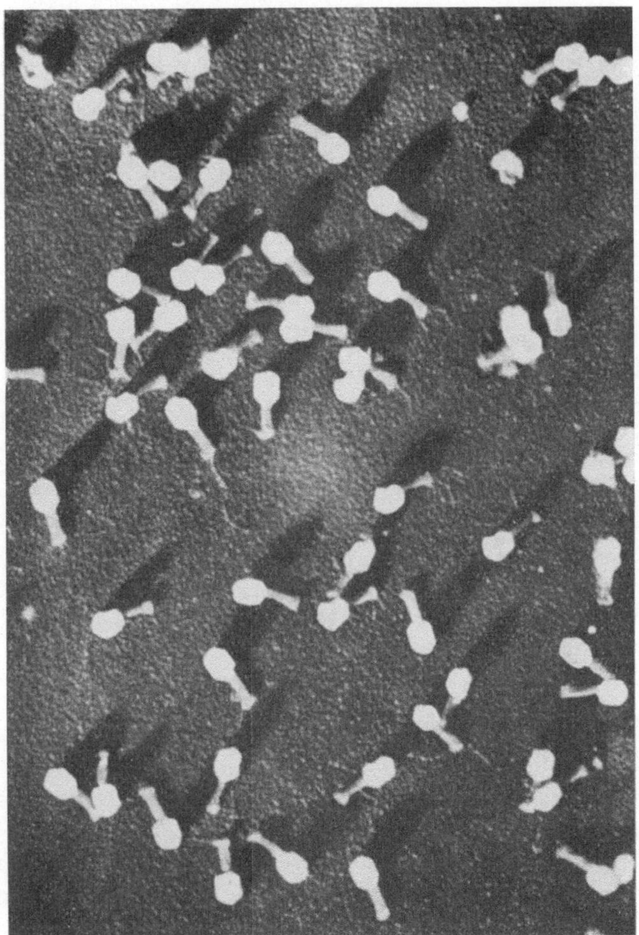

Abb. 4. Elektronenoptische Aufnahme einzelner Partikel des Phagen T 2 von *E. coli*
(nach HERRIOT und BARLOW, 1953)

bestehen aus einem kugeligen bis hexogonalen Kopf und einem
daran anschließenden, bei verschiedenen Arten in seiner Größe
unterschiedlichen Schwanzteil. Das Kopfinnere enthält DNS als

genetische Substanz des Phagen, seine Hülle und der Schwanzteil
bestehen aus verschiedenen Proteinen. Mit Hilfe eines spezifischen
Ladungsmusters des Proteins der Schwanzspitze adsorbiert das
Phagenpartikel an der Membran einer geeigneten bakteriellen

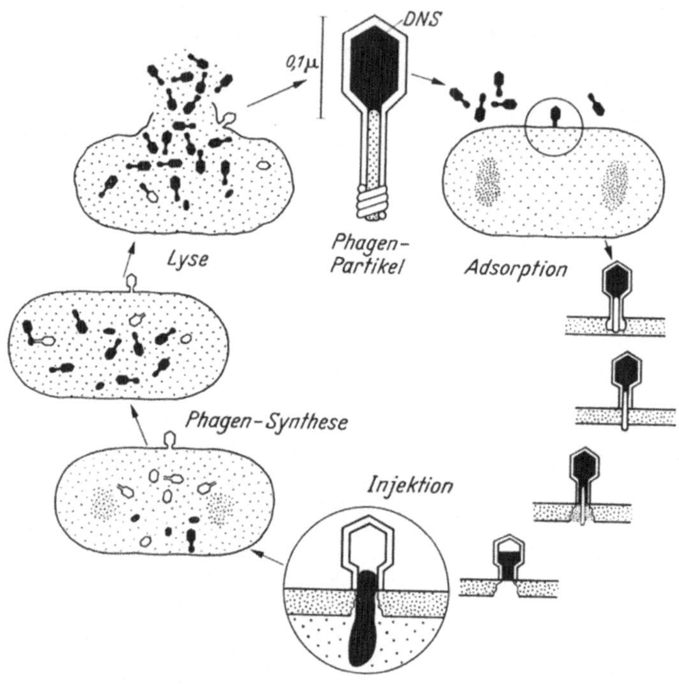

Abb. 5. Vermehrungscyclus eines virulenten Bakteriophagen (Schema)

Wirtszelle (Abb. 5) und injiziert nach Ablauf mehrerer Zwischen-
stadien schließlich seine DNS und eine geringe Proteinmenge in
die Bakterienzelle. Dadurch wird diese zur Synthese gleichartiger
Phagen angeregt, welche schließlich nach erfolgter Reifung durch
Lyse der Zelle in das Außenmedium abgegeben werden. Diesem
Vermehrungscyclus *virulenter Phagen* steht derjenige *temperierter
Phagen*[10] gegenüber. Die Injektion ihrer DNS führt nicht sofort
zum Einsetzen der Synthese gleichartiger Phagenpartikel. Nach
Durchlaufen eines Zwischenstadiums besetzt die injizierte DNS als
stoffliches Äquivalent des Phagengenoms vielmehr auf dem Lineom

der bakteriellen Wirtszelle einen ganz bestimmten Ort. Sie verbleibt dort während einer mehr oder weniger großen Anzahl von Bakteriengenerationen und wird vor jeder Zellteilung synchron mit der genetischen Substanz des Wirtsbakteriums identisch dupliziert. Ein solcher „reduzierter" Phage heißt *Prophage*. Spontan oder durch äußere Einflüsse induziert, vermag er die Zelle zur Synthese gleichartiger Phagen zu veranlassen, welche dann die Cytolyse herbeiführen. Eine Zelle, die einen Prophagen enthält, wird daher als *lysogen* bezeichnet.

Im Verlauf der Phagen-Synthese während des Reifungsstadiums der Phagenpartikel bricht die genetische Substanz des Wirtsbakteriums zusammen. Bei einigen wenigen Arten temperierter Phagen werden zusammen mit oder möglicherweise anstelle von Phagen-DNS auch Teile der bakteriellen DNS in einzelne Phagenpartikel eingebaut und bei der Infektion einer neuen Wirtszelle in diese injiziert. Dadurch findet eine Übertragung von Teilen des Genoms einer bakteriellen Spenderzelle in eine andere, die Empfängerzelle, statt. Das Bakteriophagenpartikel dient dabei als *Transportmittel*. Unterscheidet sich der durch Transduktion in die Empfängerzelle gelangte Lineomabschnitt des Spenders durch den Mutationszustand eines seiner Gene von dem homologen Lineomteil der Empfängerzelle, so wird diese zur *Heterogenote:* Sie enthält nunmehr zwei homologe Lineom-Abschnitte, welche allele Gene beherbergen. Der Zustand der Heterogenote endet damit, daß das Lineomstück des Spenders auf dem Wege der Rekombination den homologen Abschnitt des Empfängers ersetzt. Es treten daher genetisch stabile Zellen auf, welche den Genotyp der Spenderzelle aufweisen. *Die dargestellte Form bakterieller Rekombination, welche an die zuvor stattgefundene Übertragung eines Lineomteils der Spender- in eine Empfängerzelle vermittels eines Phagenpartikels gebunden ist, heißt Transduktion.*

Ein *Transduktions-Experiment*, wie es als Mittel genetischer Analyse angewandt wird, verläuft nach dem Schema der Abb. 6, welche den Ablauf der Wildtyp-Transduktion einer Mangelmutanten B^- darstellt: Bakterienzellen des als Spender dienenden Wildtyps B^+ werden mit Phagen vereinigt, die zur Transduktion befähigt sind. Innerhalb der Bakterienzellen findet dann die Phagenvermehrung statt. Die neu synthetisierten Phagenpartikel enthalten nun Teile des Genoms der lysierten Spenderbakterien.

Werden sie zur Infektion von Zellen einer als Empfänger dienenden
Mangelmutanten B⁻ benutzt, so übertragen sie dabei mit einer
Häufigkeit von 10^{-5} bis 10^{-6} pro eingesetzte Bakterienzelle das
aus der Spenderzelle stammende Gen B⁺, welches unter den Nachkommen dieser Zellen anstelle von B⁻ auftritt und sie damit
genotypisch und phänotypisch in den Spendertyp umwandelt.

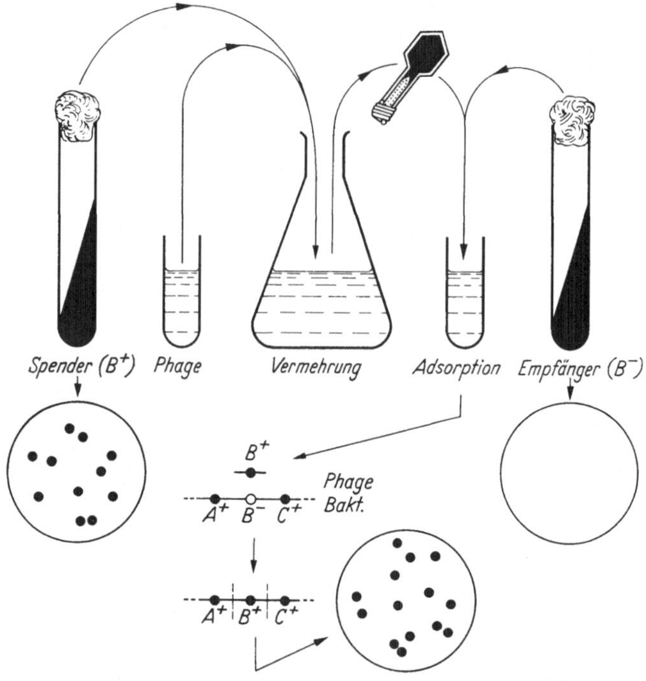

Abb. 6. Schematische Darstellung des Verlaufs der rekombinativen Transduktion einer
Mangelmutanten B⁻ zum Wildtyp B⁺

Auf welchem Wege die *Inkorporation des dem Spender entstammenden Genomteiles in das Empfängergenom* vor sich geht, ist
noch ungewiß. Drei verschiedene Hypothesen[11] bieten sich an
(Abb. 7): Ihnen allen gemeinsam ist die Voraussetzung, daß eine
Synapsis der homologen Genomteile stattfindet. Ein mechanischer
Stückaustausch könnte analog den an Chromosomen höher organi-
sierter Zellen beobachtbaren Vorgängen nach "crossing over"
erfolgen. Wahrscheinlicher jedoch dürfte die Rekombination im
Verlaufe der identischen Reduplikation vor sich gehen, wie sie als

"copy choice" bezeichnet wird. Die eine Möglichkeit besteht dabei in der Rekombination einzelner Bruchstücke beim Zusammenbau duplizierter Genomteile. Eine andere Möglichkeit läge in dem Wechsel der Matrize *während* der Duplikation des Genoms.

Die Übertragung eines Teiles der genetischen Substanz aus einer Spender- in eine Empfängerzelle führt in der Mehrzahl der Fälle nicht zur nachfolgenden Rekombination mit dem homologen

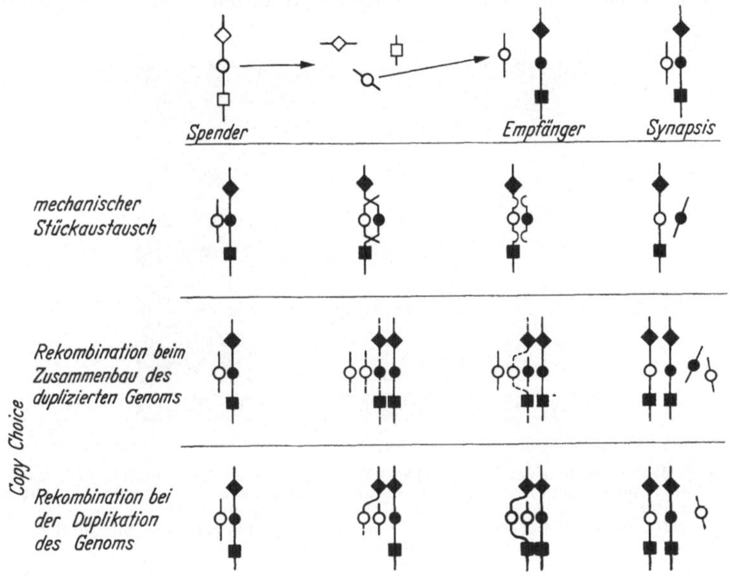

Abb. 7. Schematische Darstellung verschiedener Möglichkeiten der „Inkorporation" des Spender-Lineomabschnittes in das Empfänger-Lineom (nach LEDERBERG, 1955, verändert)

Genomstück des Empfängers. Vielmehr wird der Zustand der Heterogenote aufrechterhalten. Den ersten experimentellen Hinweis dafür, daß neben der oben beschriebenen rekombinativen Transduktion noch dieser zweite Typ verwirklicht wird, lieferten STOKER et al.[12] durch die Beobachtung des trail-Phänomens nach Transduktion der Befähigung zur Flagellen-Bildung auf bisher nicht Flagellen führende Mangelmutanten. Die allgemeine Anwendbarkeit der Befunde wurde schließlich von OZEKI[13] und später P. HARTMAN[14] bewiesen. Ihre mikroskopischen Beobachtungen ergaben, daß nach Wildtyp-Transduktion von Mangelmutanten bei nachfolgendem Ausstreichen auf geliertem Minimal-

Medium drei verschiedene Kolonie-Typen heranwuchsen. Den Untergrund bildete dabei die große Zahl der nicht transduzierten Zellen des als Empfänger verwendeten Mangeltyps, welche nach Erschöpfen der geringen Spuren des im Minimal-Medium vorhandenen Wuchsfaktors nach Mikrokolonie-Bildung ihr Wachstum einstellten (Abb. 8). Darüber gelagert befinden sich eine beschränkte Anzahl makroskopisch sichtbarer, durch rekombinative Transduktion entstandene Wildtyp-Kolonien. Die Angehörigen

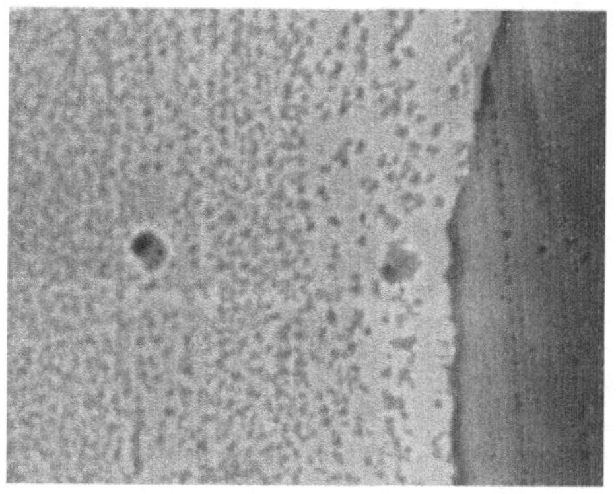

Abb. 8. Mikroaufnahme der Kolonietypen 4 Tage nach Wildtyp-Transduktion einer Mangelmutanten. Linker Bildrand: Grenze des Außenbezirkes einer auf rekombinative Transduktion ihrer Mutterzelle zurückgehende Wildtyp-Kolonie. Bilduntergrund: Mikrokolonien der nicht transduzierten Empfängerzellen. Bildmitte: Zwei, durch abortive Transduktion hervorgerufene, azentrische Kolonien

des dritten, zunächst nicht erwarteten Typs schließlich bestanden aus wesentlich kleineren azentrischen Kolonien und traten etwa 10—50 mal so häufig wie Wildtyp-Kolonien auf. Wurden derartige Kolonien isoliert, so erwies sich nur eine einzige aller die Kolonie aufbauenden Zellen als zur Koloniebildung auf Minimal-Medium befähigt, während alle übrigen Zellen dem Mangeltyp angehörten (Abb. 9). Durch weitere Versuche ließ sich die Entstehung der azentrischen Kolonien klären: Auch in die Mutterzelle einer solchen Kolonie gelangte aus der Wildtyp-Spenderzelle derjenige Lineomteil, welcher das den Mangelzustand der Empfängerzelle bedingende Gen als Wildtyp-Allel enthielt. *Im Gegensatz zur rekombinativen Transduktion findet jedoch keine Rekombination statt. Der Teil des Spender-Genoms verbleibt nach Art eines Fremdkörpers*

*in der Empfängerzelle, ohne die Befähigung zur identischen Redupli-
kation zu erlangen. Die Transduktion verläuft abortiv.*

Ein abortiv transduziertes Lineomstück vermag unter bestimmten Bedingungen *biochemisch-genetisch wirksam* zu werden und

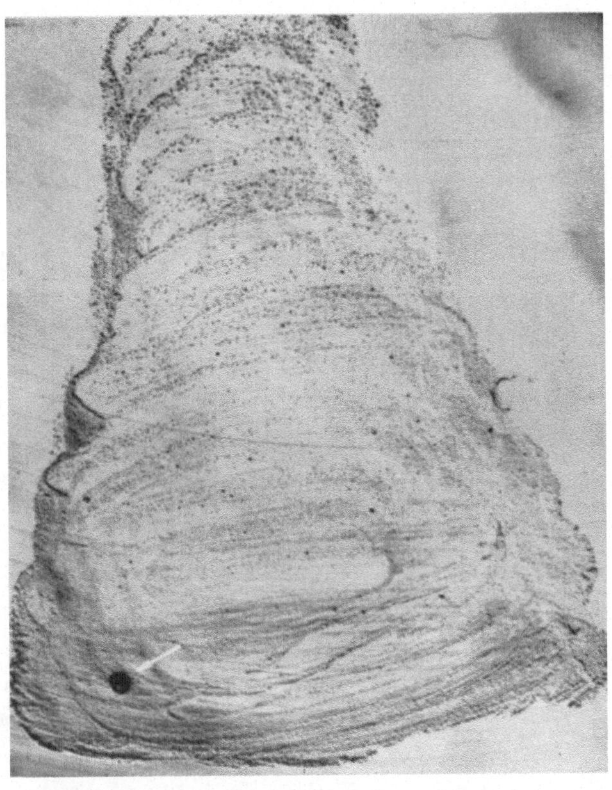

Abb. 9. Ausstrich der Zellen einer nach abortiver Transduktion entstandenen azentrischen
Kolonie auf Minimal-Medium (welches schwach mit Bouillion angereichert wurde) nach
viertägiger Bebrütung. Von allen Zellen besaß nur eine das vom Spender herrührende
abortiv transduzierte Stück und damit die Befähigung zur Bildung einer neuen azentrischen
Kolonie (s. Pfeil), (Original von H. Ozeki)

der Empfängerzelle die für die Spenderzelle bezeichnenden Stoff-
wechsel- und Wuchseigenschaften zu verleihen. Die Teilung einer
solchen abortiv transduzierten Zelle jedoch führt stets zu zwei
genotypisch verschiedenen Tochterzellen (Abb. 10). Die eine enthält das von der Mutterzelle überkommene Wildtyp-Lineomstück

und weist Wildtyp-Eigenschaften auf. Die andere besitzt das
Genom der Mangelmutanten ohne das Wildtyp-Lineomstück. In
ihrem Plasma befindet sich noch rund die Hälfte der Enzym-
moleküle ihrer phänotypisch dem Wildtyp angehörenden Mutterzelle. Sie vermag daher begrenzt auf Minimal-Medium zu wachsen,

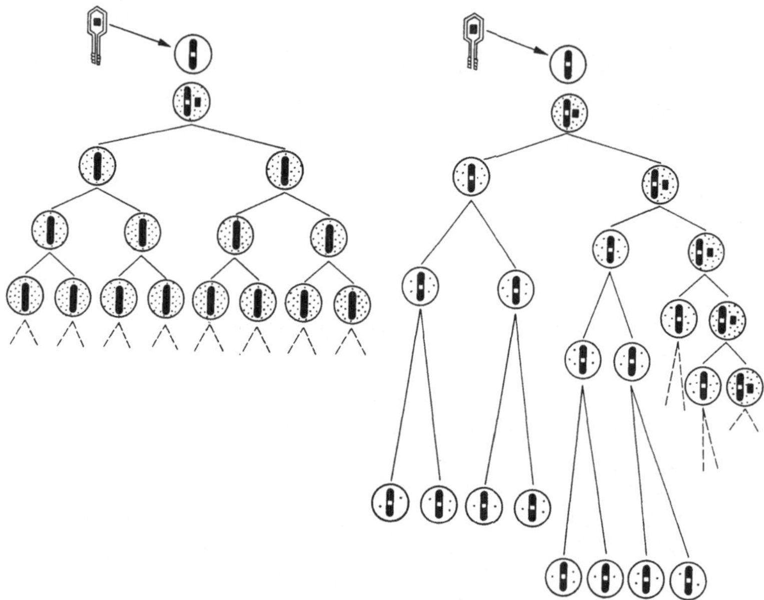

Abb. 10. Schema je eines Zellklones nach rekombinativer (linke Bildseite) und abortiver
(rechte Bildseite) Transduktion. Die Anzahl der Punkte innerhalb der einzelnen Zellen
versinnbildlicht den Grad der Ausstattung mit demjenigen Enzym, welches der Empfängerzelle als Mangelmutante fehlt, zum Wildtyp-Wachstum aber notwendig ist. Der Abstand der
einzelnen Zellen in Richtung der Ordinate stellt die Generationsdauer dar. Sie wächst nach
abortiver Transduktion mit abnehmendem Verwandtschaftsgrade zu derjenigen Zelle,
welche das abortiv transduzierte Lineomstück der Spenderzelle enthält

eine Befähigung, welche im Verlauf der nachfolgenden Generationen und Teilungen durch Verdünnung und Abnutzung der nicht
mehr neu synthetisierten Enzymmoleküle gemindert wird und
schließlich erlischt. Die abortive Transduktion der Wildtyp-
Eigenschaften auf Zellen einer Mangelmutanten führt so zu
linearer Vererbung des Genotyps des Spenders unter den sich aus
der Empfängerzelle ableitenden Nachkommen. Innerhalb eines
solchen Zellklones weist daher immer nur eine Zelle genetisch
bedingten Wildtyp-Charakter auf. Die Hälfte ihrer direkten Nachkommen dagegen zeigt mit der Abnahme ihres Verwandtschafts-

grades gleichsinnig abklingende Wildtyp-Eigenschaften und besteht genotypisch aus Mangelmutanten. Die entfernten Verwandten schließlich gehören phänotypisch und genotypisch dem Mangeltyp an. Daraus ergibt sich die azentrische Form der Kolonien nach abortiver Transduktion, deren Zentrum als Wachstumsmaximum immer im Gebiet derjenigen Zelle liegt, welche das abortiv transduzierte Stück des Wildtyp-Spendergenoms enthält.

Die bisher durchgeführten Untersuchungen haben nur für eine geringe Anzahl von Phagen die Befähigung zur Transduktion nachgewiesen[7]. Für *S. typhimurium* konnten mehrere nahe miteinander verwandte transduzierende Phagenarten isoliert werden. Ein anderer Phage (P 1) transduziert in gleicher Weise die verschiedensten Lineomteile bei Stämmen von *E. coli* und *Shigella*[15]. Ein davon abweichender Modus der Transduktion wird durch den Phagen Lamda von *E. coli* K 12 verwirklicht[16, 17]. Er vermag nur ein sehr kurzes Genomstück zu transduzieren, welches immer denjenigen Genort enthält, den Lambda als Prophage einnimmt, sich jedoch noch auf einige weitere nahe benachbarte Genorte erstreckt.

Die Beantwortung der Frage nach der *chemischen Natur der von transduzierenden Phagen transportierten bakteriellen Genomteile* ist lediglich auf Analogieschlüsse angewiesen. Aus den folgenden Gründen wird angenommen, daß es sich dabei um DNS handelt, wobei weitere Verbindungen jedoch nicht ausgeschlossen sind: Transduktion und Transformation weisen eine Reihe gleichartiger Zusammenhänge auf. Ein Prophage, der aus DNS besteht, befindet sich in engem Kontakt mit einem oder mehreren bakteriellen Genloci. Auch die übrigen bakteriellen Genloci dürften daher aus DNS bestehen. Der Prophage vermag zusammen mit diesem Genlocus durch einen anderen Phagen aus seiner Wirtszelle in eine als Empfänger geeignete Bakterienzelle transduziert zu werden.

Die Heranziehung verschiedener Mutanten, z. T. auch von Doppelmutanten zu Transduktionsversuchen, hat Aussagen über die *maximale Größe eines durch Phagen transportierbaren bakteriellen Genomteiles* ermöglicht: Das transduzierte Stück vermag etwa 10—20 Genloci zu beherbergen. Daher ist eine *gekoppelte Transduktion* zweier Genorte, welche nahe miteinander benachbart sind, durch einen einzigen Transduktionsvorgang möglich. Dabei liegen definitionsgemäß die beiden in die Empfängerzelle gelangenden

Genloci auf dem gleichen, der Spenderzelle entstammenden, vermittels eines Phagen in die Empfängerzelle gelangten Genomstück.

Transduktion erlaubt die genetische Analyse einer größeren Anzahl von Mangelmutanten. Sie soll am Beispiel der Histidin-Reihe dargestellt werden. Unabhängig voneinander waren Histidin-Mangelmutanten des Wildstammes von *S. typhimurium* isoliert worden. Die biochemische Untersuchung ihrer Akkumulationsprodukte und die in günstig gelagerten Fällen mögliche Bestimmung der von ihnen benötigten Wuchsfaktoren erlaubte es, sie vier verschiedenen Gruppen zuzuordnen (Abb. 11), von denen jede sich auf

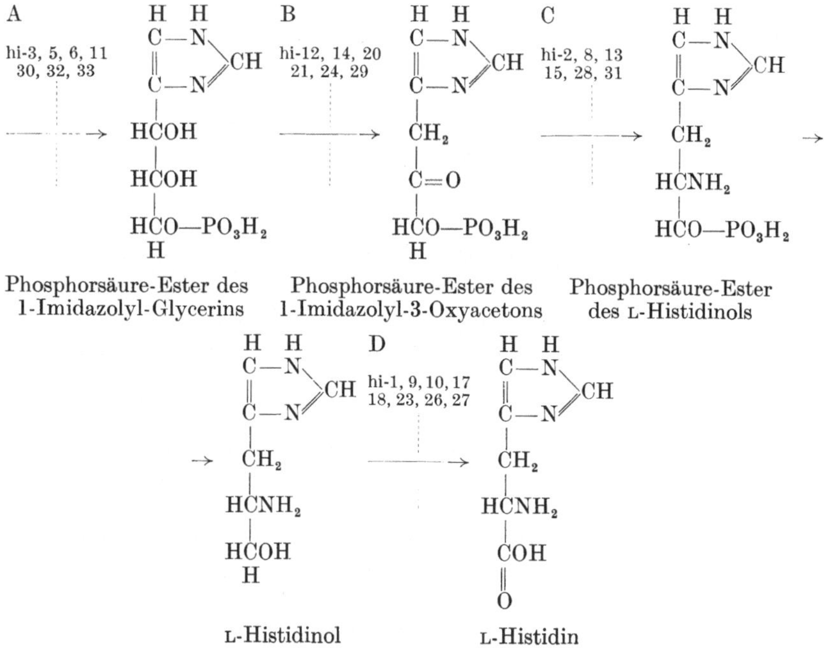

A   hi-3, 5, 6, 11; 30, 32, 33   Phosphorsäure-Ester des 1-Imidazolyl-Glycerins

B   hi-12, 14, 20; 21, 24, 29   Phosphorsäure-Ester des 1-Imidazolyl-3-Oxyacetons

C   hi-2, 8, 13; 15, 28, 31   Phosphorsäure-Ester des L-Histidinols

D   hi-1, 9, 10, 17; 18, 23, 26, 27   L-Histidinol → L-Histidin

Abb. 11. Die letzten Schritte der Histidin-Synthese und die in der Durchführung dieser Schritte blockierten Mangelmutanten (hi-1 bis hi-32) von *S. typhimurium* (nach Starlinger und Kaudewitz, 1955)

die Blockierung eines ganz bestimmten Schrittes der Endphase der Histidin-Synthese bezog[18]. Jede dieser Gruppen enthielt damit mehrere Mutanten, welche innerhalb einer Gruppe die Unfähigkeit zur Durchführung *des gleichen* Synthese-Schrittes aufwiesen, sich phänotypisch also glichen. Daraus ergab sich die Frage, ob derartige Mutanten einer Gruppe auch genetisch identisch waren, also auf Mutation *homologer Orte* ihrer Lineome zurückgingen. Durch Kreuzung jeweils zweier phänotypisch gleicher Mutanten konnte die Frage beantwortet werden. Eine solche Kreuzung wird als Transduktion durchgeführt (Abb. 12). Sind in zwei Mutanten die zum Mangeltyp führenden Mutationsorte identisch, dann kann zwischen ihnen keine Wildtyp-Rekombination entstehen. Handelt es sich dagegen um nicht-identische Mutationsorte, so ist die Rekombination von Lineomteilen beider Mangelmutanten zum

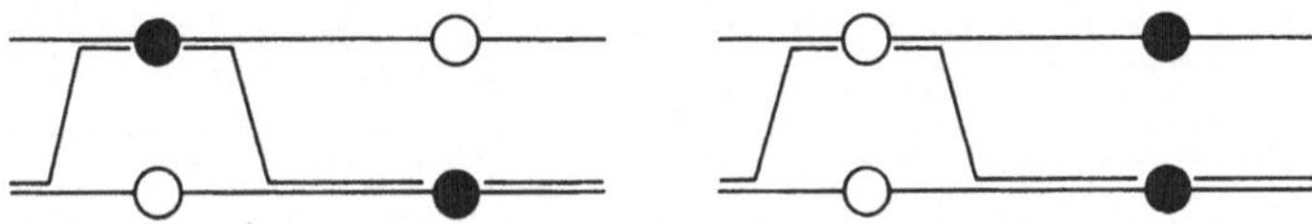

Abb. 12. Schema der Prüfung der genetischen Verschiedenheit zweier phänotypisch gleicher Mangelmutanten durch Untersuchung ihrer Befähigung zur Wildtyp-Rekombination. In jedem der beiden Schemata stellt die obere Linie das Spender-, die untere das Empfänger-Lineom dar. Wildtyp-Gene sind als schwarze kreisförmige Scheiben die dazu homologen, den Mangeltyp bewirkenden Mutationsorte als Kreise dargestellt

Wildtyp-Lineom möglich. Die Ergebnisse der an den vorhandenen Histidin-Mutanten vorgenommenen Transduktionen beweisen, daß es sich mit zwei Ausnahmen trotz ihres innerhalb einer Gruppe gleichen Phänotyps um genetisch nichtidentische Mutanten handelte.

Die nächsten Versuche galten der *Feststellung der Lagebeziehungen*, welche die Mutationsorte der einzelnen Mutanten innerhalb des bakteriellen Lineoms aufweisen. Zunächst die Grundlagen einer solchen Kartierungstechnik: Damit durch Rekombination aus dem Genom zweier Histidin-Mangelmutanten ein Wildtyp-Genom entstehen kann, muß zwischen den Mutationsorten eine der beiden Rekombinationsstellen liegen, sei sie nach Abb. 7 der Ort eines *crossing overs* oder der Punkt einer *copy choice*. In erster Annäherung darf angenommen werden, daß die Wahrscheinlichkeit ihres Auftretens für die gleiche Längeneinheit des Lineoms in allen Lineomabschnitten ungefähr denselben Wert aufweist. Mit wachsendem Abstand der Mutationsorte zweier Mangelmutanten auf dem Lineom muß daher die Häufigkeit ihrer bei Kreuzungen entstehenden Wildtyp-Rekombinationen zunehmen. Diese Feststellung ist die Grundlage für die Untersuchung der Lagebeziehungen der genannten Histidin-Mutanten auf dem

bakteriellen Lineom. Sie ergab einen überraschenden Tatbestand
(Abb. 13): *Die lineare Aufeinanderfolge der Mutationsorte der verschiedenen Gruppen auf dem Bakterienlineom ist identisch mit der
zeitlichen Aufeinanderfolge der durch sie im Wildtyp-Zustand gesteuerten Schritte der Histidin-Synthese.* Es wird damit ein Ordnungsprinzip des Aufbaues der genetischen Substanz erkennbar,
welches nur durch ihre genetische Wirkung verständlich wird. Die
Entstehung und Erhaltung dieser Ordnung im Verlaufe der Evolu-
tion beweist, daß sie ihrem Träger merkliche selektive Vorteile

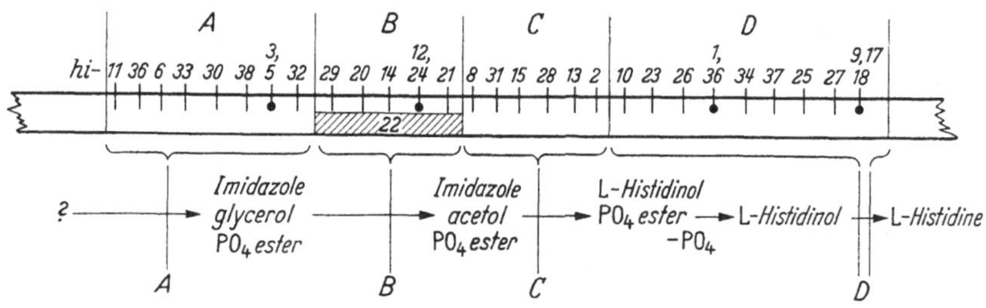

Abb. 13. Lagebeziehungen der Pseudoallele (arabische Zahlen) und der aus ihnen zusammengesetzten Loci „physiologischer Gene" (große römische Buchstaben) der letzten Schritte
der Histidin-Synthese bei *S. typhimurium:* Die lineare Aufeinanderfolge der Genloci
entspricht der zeitlichen Aufeinanderfolge der von ihnen gesteuerten Syntheseschritte
(aus P. E. Hartman, 1956)

gewährt. Eine gleichartige Übereinstimmung in der linearen Aufeinanderfolge von Genorten mit der zeitlichen Aufeinanderfolge
der durch sie gesteuerten Synthese-Schritte ließ sich bei *Salmonella*
auch für die letzten Schritte der Tryptophan-Synthese[19] erbringen.
Bei *E. coli* konnten enge Koppelungsbeziehungen zwischen den
Genloci nachgewiesen werden, welche die Synthese des adaptiven
Enzyms β-Galaktosidase und seines Inducers steuern[20]. Das beschriebene Ordnungsprinzip besitzt jedoch nicht Allgemeingültig-
keit, weder für alle Syntheseketten von *Salmonella* noch für die
Syntheseketten aller Untersuchungsobjekte. Bei *Neurospora* bei-
spielsweise sind die Genorte der Histidin- und Tryptophan-
Synthese auf verschiedenen Chromosomen angeordnet.

Eine weitere aus den beschriebenen Versuchen abzuleitende
Gesetzmäßigkeit scheint jedoch ausnahmslos zu gelten: Mutationsorte, die den Ausfall der Bildung des gleichen Enzyms bedingen,
liegen stets in enger Nachbarschaft und sind nicht durch Teile
der genetischen Substanz getrennt, welche die Synthese anderer

Enzyme steuern. Derartige Mutationsorte werden als *Pseudoallele* bezeichnet. Was ist ein solches Pseudoallel? Betrachten wir einmal alle Pseudoallele einer Gruppe der Histidin-Synthese. Der von M. DEMEREC für Salmonella-Mutanten benutzten Terminologie folgend, bilden sie in ihrer Gesamtheit einen *Genlocus*. Er steuert die Synthese *eines* bestimmten Enzyms. Für die Funktion eines solchen Genlocus scheinen zwei Möglichkeiten gegeben: Einmal könnte er eine unteilbare physiologische Wirkeinheit darstellen, welche durch Rekombinationsvorgänge der Transduktion räumlich zerlegbar ist. Die genphysiologische Leistung, die Steuerung der Synthese eines bestimmten Enzyms jedoch stellte dabei eine *einheitliche Funktion* dar, welche nicht in Unterfunktionen zu zerlegen wäre. Bei der Entstehung der Mangelmutanten einer Gruppe wären dann an verschiedenen Stellen dieses Locus — den Pseudoallelen — Mutationen erfolgt, welche jede in anderer Weise und an anderer Stelle die gleiche physiologische Wirkeinheit untüchtig für die Steuerung der Enzym-Synthese gemacht hätten. Die zweite Möglichkeit bestünde darin, in jedem der Pseudoallele eine Einheit zu sehen, welche sich nicht nur räumlich, sondern auch funktionell von den anderen Pseudoallelen des gleichen Locus unterscheidet. Die übergeordnete funktionelle Einheit des Locus käme dann dadurch zustande, daß alle seine Pseudoallele durch das gemeinsame Thema ihrer untereinander verschiedenen Wirkungen, nämlich der Steuerung der Synthese *eines* Enzyms, zu einer als einheitliche physiologische Leistung erkennbar werdenden gemeinsamen Wirkung zusammengefaßt werden.

Enzym-Moleküle sind kompliziert gebaute Eiweißkörper ausgesprochener Spezifität, welche auf verschiedene Ursachen zurückgeht. Es ist daher von vornherein unwahrscheinlich, daß die Steuerung der Synthese eines solchen Eiweißkörpers nach Hypothese 1 als nicht in Unterfunktionen unterteilbare Leistung erfolgt. Im Einklange mit dieser Vermutung stehen die Ergebnisse von Versuchen, welche den Wahrheitsgehalt der beiden obengenannten Hypothesen prüfen sollen. Die Beantwortung der gestellten Alternativfrage ist durch die genetische Analyse mit Hilfe eines *Suppressor-Genes* möglich. Das Auftreten der Wirkung eines solchen Genes muß auf die Mutation innerhalb der genetischen Substanz einer Mangelmutanten zurückgeführt werden, die räumlich von dem Ort des den Mangelzustand hervorrufenden Pseudoallels verschieden ist. Der Suppressor ermöglicht der ihn beherbergenden Zelle vom Typ einer bestimmten Mangelmutanten, die physiologische Leistung des Wildtyps zu entwickeln. Definitionsgemäß wird dabei nur der Phänotyp, nicht aber der Genotyp der Wildform wieder hergestellt. Soll ein Pseudoallel im Sinne der oben gemachten ersten Annahme interpretiert werden, stellt also der Genlocus die kleinste unteilbare Wirkeinheit dar, so muß die Wirkung des Suppressors in Zellen der Mangelmutanten die Funktion des gesamten homologen, unmutierten Genlocus des

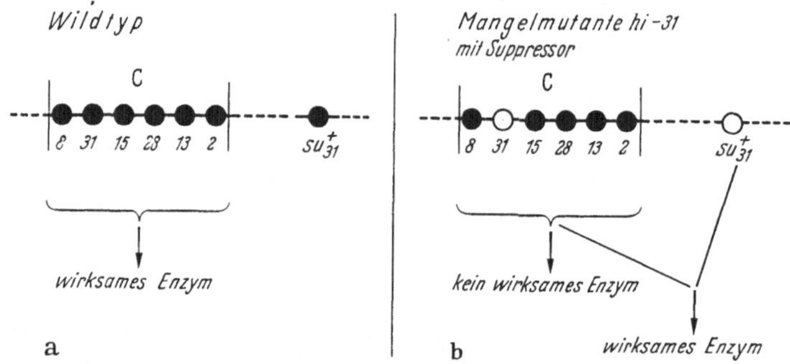

Abb. 14. Schematische Darstellung (s. auch Abb. 13). a) Der genetischen Steuerung der Synthese eines Enzyms durch die Gesamtheit der in einem physiologischen Gen zusammengefaßten, im Wildtyp vorliegenden Pseudo-Allele. b) Der Wirkung eines genetischen Suppressors bei der Wiederherstellung der Befähigung zur Synthese eines bestimmten wirksamen Enzyms, welches in der vorliegenden Mangelmutanten durch den Ausfall der Funktion eines mutierten Pseudo-Allels (31) nicht synthetisiert wird.

Wildtyps ersetzen. Dann darf aber auch gefolgert werden, daß ein solcher Suppressor alle den Mangelzustand bedingenden Pseudoallele eines Locus, die nach der gleichen Hypothese nur räumlich verschiedene Zerstörungsorte derselben unteilbaren Wirkeinheit darstellen, in gleicher Weise beeinflußt, nämlich bei allen phänotypisch zur Wildform führt. Ist jedoch jedes Pseudoallel eine unabhängige Wirkeinheit im Sinne der oben gemachten Alternativ-Hypothese, dann kann erwartet werden, daß es Suppressor-Wirkungen gibt, welche spezifisch den Ausfall der physiologischen Leistung nur eines zum Mangelzustand mutierten Pseudoallels ersetzen und ohne Wirkung auf die anderen Pseudoallele des gleichen Locus sind.

STARLINGER und KAUDEWITZ[21] gelang die Isolierung eines Suppressors der Mangelwirkung des Pseudoalleles hi-31 (Abb. 14). In Kombination mit anderen Pseudoallelen des gleichen Genlocus, dem hi-31 angehört, erwies sich der gleiche Suppressor als unwirksam. Dieses Ergebnis steht im Einklange mit Untersuchungen von T. Yura[22] an Pseudoallelen der genetischen Steuerung der Purin-Synthese bei S. typhimurium. Aus ihnen kann gefolgert werden, daß Pseudoallele der beschriebenen Art *funktionell voneinander unterschieden sind*, wobei sehr wahrscheinlich innerhalb eines Locus die einzelnen Pseudoallele die Verwirklichung verschiedener spezifischer biochemischer Funktionen eines unter dem Einfluß dieses Locus synthetisierten Enzyms steuern. Betrachtet man die Synthese eines Enzyms innerhalb der Genkette als die erste physiologisch wirksam werdende Leistung, so kann man mit Recht in demjenigen Teil der genetischen Substanz, der im Vorstehenden als „Locus" bezeichnet wurde, das stoffliche Äquivalent eines *physiologischen Genes* sehen. Im Sinne des klassischen Genbegriffes jedoch müßte folgerichtig

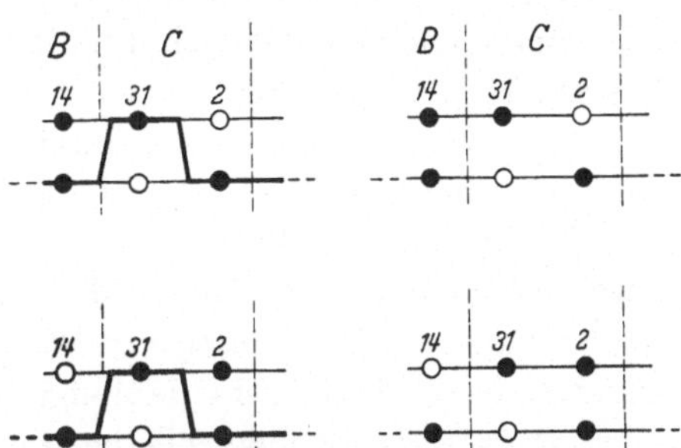

Abb. 15. Schematische Darstellung der genetischen Situation nach abortiver Transduktion bei Kreuzung zweier Mangelmutanten, deren mutierte Pseudoallele dem gleichen physiologischen Gen (trans-Konfiguration) und zwei verschiedenen physiologischen Genen (cis-Konfiguration) angehören

bereits jedes Pseudoallel als *Gen* bezeichnet werden, denn es bildet nach den oben gemachten Ausführungen eine *Mutations-, Rekombinations-* und *Funktionseinheit*.

Die derart erschlossene verschiedene Funktion der Pseudoallele eines Genlocus sagt noch nichts darüber aus, ob ein Pseudoallel allein oder nur in engem räumlichem Kontakt mit den übrigen, dem gleichen Locus angehörenden, seine genetische Funktion ausüben vermag. Antwort auf diese Frage ergeben Untersuchungen von Ozeki[13] an Genloci der Purin-Synthese, deren Gültigkeit für die Loci der Histidin-Synthesekette von *S. typhimurium* inzwischen durch weitere Untersuchungen[14] nachgewiesen werden konnte. Zunächst die experimentellen Befunde: Die Transduktion einer beliebigen Histidin-Mangelmutanten mit einer weiteren, nicht der gleichen Gruppe angehörenden (in Abb. 15, hiC-13 × hiB-14) führt durch Rekombination der beiden Genome zum Wildtyp. Außerdem entstehen durch abortive Transduktion kleinere, azentrische Kolonien. Das abortiv transduzierte Genomstück des Spenders führt dabei die Wildtyp-Allele desjenigen Genlocus, welcher in der Empfängerzelle das den Mangelzustand bedingende Allel enthält. Einem in der organischen Chemie vielgebrauchten Ausdruck folgend, liegen in diesem Falle in der entstehenden Heterogenote die Wildtyp-Pseudoallele des fraglichen Genlocus in der *cis-Konfiguration* vor: Sie befinden sich beide auf dem der Spenderzelle entstammenden Genomteil. Andere Verhältnisse ergeben sich bei Transduktion einer Mangelmutanten mit Phagen, welche Genomteile einer anderen Mangelmutanten führen, deren mutiertes Pseudoallel dem gleichen Genlocus angehört (Abb. 15, hiC-31 × × hiC-2). Auch hier kommt es durch Rekombination zur Bildung von Wildtyp-Zellen. Die Entstehung von kleineren, azentrischen auf abortive Transduktion hinweisenden Kolonien unterbleibt, obwohl sicher auch der Modus der abortiven Transduktion verwirklicht wird. Eine derartige genetische Konstitution beeinflußt jedoch in diesem Falle nicht die Mangel-Eigenschaft der Empfängerzelle: Der aus der Spenderzelle herrührende Genomteil, aber auch der homologe Abschnitt des Genoms der Empfängerzelle weisen je ein mutiertes Pseudoallel auf. Die dazu homologen Wildtyp-Pseudoallele liegen daher in der *trans-Form* vor. *Diese Konfiguration aber vermag nicht, die Synthese funktionsfähiger Enzym-Moleküle zu veranlassen.* Ganz offensichtlich müssen alle Pseudoallele eines Genlocus in engem räumlichen Kontakt miteinander stehen, also einem einzigen Lineom oder Lineomstück angehören, um als Summe ihrer verschiedenen Wirkungen die Synthese eines Enzyms steuern zu können.

Die Untersuchungen über Beziehungen zwischen Struktur der genetischen Substanz und ihrer biochemisch-genetischen Wirkung an Bakterien mit Hilfe der Transduktionsanalyse sind weiter in raschem Fortschreiten begriffen. Erst kürzlich gelang uns[23] der Nachweis, daß zwei Pseudoallele der Histidin-Reihe nicht nur in den beiden Mutationszuständen vorkommen, welche Wildtyp-Eigenschaft oder Mangelwirkung hervorrufen. Vielmehr ließ sich das Vorhandensein einer ganzen Reihe von anderen Mutationszuständen beweisen, die von Fall zu Fall verschiedene, quantitativ untereinander abgestufte Wildtyp-Wirkungen hervorbringen. Den weiteren Untersuchungen muß die Beantwortung der Frage vor-

behalten bleiben, ob damit die Grenzen des rekombinativen Auflösungsvermögens der Transduktionsmethode erreicht sind oder ob
in den untersuchten Fällen tatsächlich chemisch geringfügig unterschiedliche Eiweißmoleküle qualitativ die gleiche Enzym-Wirkung
auszuüben vermögen.

Literatur

[1] AUSTRIAN, R.: Bact. Rev. **16**, 31 (1952).
[2] EPHRUSSI-TAYLOR, H.: Advanc. Virus Res. **3**, 295 (1953).
[3] LEDERBERG, J.: Genetics **32**, 505 (1947).
[4] WOLLMAN, E.-L., F. JACOB and W. HAYES: Cold Spr. Harb. Symp. quant. Biol. **21** (1956).
[5] HAYES, W.: J. gen. Microbiol. **16**, 97 (1957).
[6] FISCHER, K. W.: J. gen. Microbiol. **16**, 136 (1957).
[7] HARTMAN, P. E.: A Symp. on the Chemical Basis of Heredity. Baltimore: John Hopkins Press 1957.
[8] ZINDER, N., and J. LEDERBERG: J. Bact. **64**, 379 (1952).
[9] WEIDEL, W.: Fortschr. Bot. **13**, 341 (1951).
[10] LWOFF, A.: Bact. Rev. **17**, 269 (1953).
[11] LEDERBERG, J.: J. cellul. comp. Physiol. **45**, 75 (1955).
[12] STOCKER, A. D., N. D. ZINDER and J. LEDERBERG: J. gen. Microbiol. **9**, 410 (1953).
[13] OZEKI, H.: Carnegie Inst. Washington Publ. Nr. 612, 97 (1956).
[14] Zit. in: M. DEMEREC, Ann. Rep. Carnegie Inst. Washington Year Book **55**, 301 (1955/56).
[15] LENNOX, E. S.: Virology **1**, 190 (1955).
[16] MORSE, M. L., E. M. LEDERBERG and J. LEDERBERG: Genetics **41**, 143 (1956).
[17] MORSE, M. L., E. M. LEDERBERG and J. LEDERBERG: Genetics **41**, 759 (1956).
[18] HARTMAN, P. E.: Carnegie Inst. Washington Publ. No. 612, 36 (1956).
[19] DEMEREC, M., and Z. HARTMAN: Carnegie Inst. Washington Publ. No. 612, 5 (1956).
[20] MONOD, J.: Bact. Rev. **22** (1957).
[21] STARLINGER, P., u. F. KAUDEWITZ: Z. Naturforsch. **11 b**, 317 (1955).
[22] YURA, T.: Carnegie Inst. Washington Publ. No. 612, 77 (1956).
[23] KAUDEWITZ, F., and L. JENTSCH: Microbiol. Genetics Bull. **16** (1958) (im Druck).

Diskussion

Diskussionsleiter: Prof. BÜCHER (Marburg)

BÜCHER (Marburg): Ich darf Ihnen, Herr Kaudewitz, den ganz besonderen Dank der Versammlung dafür aussprechen, daß Sie die Fülle Ihrer
eigenen Ergebnisse eingeschränkt haben zu Gunsten einer gründlichen und
wirklich verständlichen Darlegung dessen, was bisher über dieses Gebiet
bekannt ist.

124 FRITZ KAUDEWITZ:

BRANDIS (Göttingen): Es ist bekannt, daß sich nicht jeder Bakterienstamm als Empfänger eignet. Wie kann das erklärt werden?

KAUDEWITZ: Bisher sind nur wenige Phagen bekannt, die transduzieren können. Außerdem ist die Wirtsspezifität des einzelnen Phagen sehr groß. So kann beispielsweise nicht jeder E. coli-Phage an jeder Zelle von E. coli adsorbiert werden, was die Voraussetzung der Injektion genetischen Materials ist.

BRANDIS: Warum können nur wenige Phagen transduzieren? Wir kennen doch eine Unzahl verschiedener temperierter Bakteriophagen.

KAUDEWITZ: Die Frage, ob ein Bakteriophage temperiert oder nicht temperiert ist, besitzt in diesem Zusammenhang wahrscheinlich nur technische Bedeutung. Ausschlaggebend ist, ob ein bestimmter Phage Teile der genetischen Substanz seiner Wirtszelle zu inkorporieren vermag. Dies können aber nur wenige Phagen.

ROKA (Frankfurt/M.): Habe ich Sie richtig verstanden, daß der Phage in der Lage ist, gleichzeitig sowohl sein eigenes Genom, als auch Teile des Genoms der bakteriellen Wirtszelle, in der er synthetisiert wurde, auf die Empfängerzelle zu übertragen, so daß er also gleichzeitig zweierlei Arten genetischer Informationen trägt?

KAUDEWITZ: In einer Population, die aus Phagen besteht, welche zur Transduktion fähig sind, enthält nur ein bestimmter Prozensatz dieser Partikel genetische Substanz der ursprünglichen Wirtszelle. Derartige Partikel besitzen aber nicht mehr ihr volles eigenes Genom. Ein solches Phagenpartikel injiziert daher Teile der genetischen Substanz seiner ursprünglichen Wirtszelle und wahrscheinlich auch Bruchstücke phagengenetischer Substanz. Da diese aber kein vollständiges Phagengenom bilden, wird die Empfängerzelle nicht lysogen. Sie erhält nicht die vollständige zur Phagensynthese notwendige genetische Information.

ROKA: Wenn ein transduzierter Phage genetisches Material seines Wirts auf eine neue Bakterienzelle überträgt, dann kann dieses dort homologes Material ersetzen. Was geschieht nun mit diesem ersetzten Material?

KAUDEWITZ: Diese Frage ist nur zu beantworten, wenn man das Schicksal der einzelnen transduzierten Bakterienzelle verfolgen könnte. Dies ist zur Zeit nicht möglich. Einige Zahlen sollen die Gründe dafür erhellen. Die Wahrscheinlichkeit der rekombinativen Transduktion eines bestimmten Genlocus bei Salmonella typhimorium hat die Größenordnung 10^{-5} bis 10^{-6}. Unter 10^6 Zellen müßte also diejenige Zelle herausgesucht werden, die das in Frage kommende Lineomstück enthält. Danach müßte wieder untersucht werden, ob deren Nachkommen genetisch verschieden sind. Dies ist aus technischen Gründen bisher noch nicht sicher gelungen.

SLONIMSKI (Paris): Vielleicht beantwortet die Tetradenanalyse bei Hefezellen und die dabei beobachtete Genkonversion diese Frage, da an diesem Objekt alle Nachkommen einer Rekombination als Einzelzellen isolierbar sind.

KAUDEWITZ: Ich darf dazu erwähnen, daß Hefezellen im Gegensatz zu Bakterien Chromosomen enthalten. Es läßt sich daher nicht entscheiden, ob der Mechanismus des Rekombinationsvorganges bei Hefezellen gleich dem bei transduzierten Bakterienzellen ist.

GIBIAN (Berlin): Darf ich mir eine vielleicht laienhafte Frage zum Problem der Ein-Gen-ein-Enzym-Theorie erlauben. Zur Herstellung eines Enzyms sind wieder enzymatische Vorgänge notwendig, bei denen vielleicht mehrere Enzyme, sagen wir zweiter Ordnung, eine Rolle spielen. Wäre es denkbar, daß in dem von Ihnen genannten Beispiel die Genloci A, B, C usw. für die Sicherung der Synthese von Enzymen erster Ordnung, die darin enthaltenen Pseudoallele dagegen für die Enzyme zweiter Ordnung auch jeweils in einer Einzelbeziehung verantwortlich sind?

KAUDEWITZ: Ich glaube, die Frage verneinen zu dürfen. Die Proteinsynthese benötigt wohl kaum für jedes Enzym zur Synthese von dessen Bausteinen wieder einen von Enzym zu Enzym notwendigerweise verschiedenen Satz spezifischer Unterenzyme.

DECKER (Hannover): Die einzelnen Pseudoallele des Gens, das die letzten Schritte der Histidinsynthese vermittelt, erinnern mich an Programme elektronischer Rechenmaschinen. Die Pseudoallele sind Unterprogrammen vergleichbar, die zeitlich und räumlich einander folgen. Können wir uns irgendwelche Vorstellung machen, welche Zwischenstufen der Gesamtsynthese eines Enzyms den einzelnen Pseudoallelen eines physiologischen Gens entsprechen?

KAUDEWITZ: Wir sind in der Beantwortung dieser Frage vorläufig auf Hypothesen angewiesen. Die Spezifität der Wirkung eines Enzyms beruht auf der hohen Spezifität seines molekularen Aufbaus. Dazu gehören bestimmte Sequenzen der Aminosäuren, spezifische Faltung der Peptidketten, bestimmte sterische Lagerung der wirksamen Gruppen usw. Die zur Verwirklichung dieser zahlreichen spezifischen Strukturen notwendigen Funktionen könnten je von einem Pseudoallel des gleichen physiologischen Gens gesteuert werden. Die Prüfung dieser Hypothese hängt eng mit der Frage nach dem Reaktionsmechanismus der primären Genwirkung zusammen.

ROKA: Ich möchte zu diesem Thema noch eines fragen. Bei dem Beispiel, das Sie uns gezeigt haben, war die Anzahl der Pseudoallele eines Gens von Gen zu Gen etwa gleich. Ist das allgemein gültig oder ist die Variation sehr groß?

KAUDEWITZ: Die Isolierung der genannten Mutanten benutzt eine Technik, die sicher selektive Bedingungen verschiedenster Art in sich schließt. Die absolute Zahl der bisher je Genlocus gefundenen unterschiedlichen Mutanten dürfte daher weitgehend durch die Methode ihrer Auffindung bestimmt sein. Tatsächlich sind inzwischen weitere Mutanten der Histidinreihe in großer Zahl isoliert worden, die alle neue bisher unbekannte Pseudoallele in mutiertem Zustand enthalten.

FISCHER (Frankfurt/M.): Zu Anfang sagten Sie, daß die genetische Substanz des temperierten Phagen als Präprophage im Bacterium zunächst an keinen festen Ort gebunden ist, dann aber Anschluß an das Bakteriengenom gewinnt. Sie haben weiter von asymmetrischen Kolonien berichtet, die dadurch entstehen, daß diese genetische Substanz der bakteriellen Spenderzelle nicht rekombinativ in der Empfängerzelle reagiert. Meine Frage ist nun: Kann man experimentell — etwa durch Veränderung der osmotischen Druckverhältnisse oder durch Pharmaka — erreichen, daß mehr asymmetrische Kulturen entstehen; mit anderen Worten, kann man die Rekombination von Teilen des Spenderlineoms mit dem Empfängerlineom künstlich verzögern oder verhindern?

KAUDEWITZ: Dies ist tatsächlich möglich, z. B. durch Verwendung bestimmter Medien, aber auch durch UV- und Röntgen-Bestrahlung.

PIEKARSKI (Bonn): Sie haben vom Lineom gesprochen. Wenn ich Sie recht verstanden habe, sollte das wohl ein Ersatz für Chromosom sein.

KAUDEWITZ: Ich möchte nicht von Ersatz sprechen, sondern möchte vermeiden, eine Terminologie zu benutzen, die an einen Begriff gebunden ist, der bereits ganz bestimmte Inhalte aufweist. Wir wissen aber keineswegs, ob alle diese Inhalte auch für das Chromosom einer Bakterienzelle zutreffen. Mein Referat behandelt ausschließlich die genetische Funktion des Lineoms, nicht aber seine Morphologie. Der Terminus Lineom enthält ausschließlich funktionelle, aber keine morphologischen Inhalte.

PIEKARSKI: Mich haben gerade die morphologischen Grundlagen für die Diskussion um den Bakterienzellkern interessiert. Wir haben — zusammen mit Herrn GIESBRECHT — dazu Bakterien geschnitten und versucht, die Feinstruktur der Bakterienkern-Äquivalente zu analysieren. Ausgehend von der Vorstellung, daß Bakterien sog. Nucleoide besitzen (vgl. dazu PIEKARSKI, Erg. Hyg. **26**, 1949), versuchten wir, die Struktur dieser Nucleoide zu analysieren und haben durch das elektronenmikroskopische Studium ultradünner Schnitte von *Bac. megaterium* Strukturen feststellen können, die Ihnen Herr G. zeigen wird.

GIESBRECHT (Bonn): Bei vergleichenden Untersuchungen an ultradünnen Schnitten durch den Dinoflagellaten Amphidinium elegens und durch

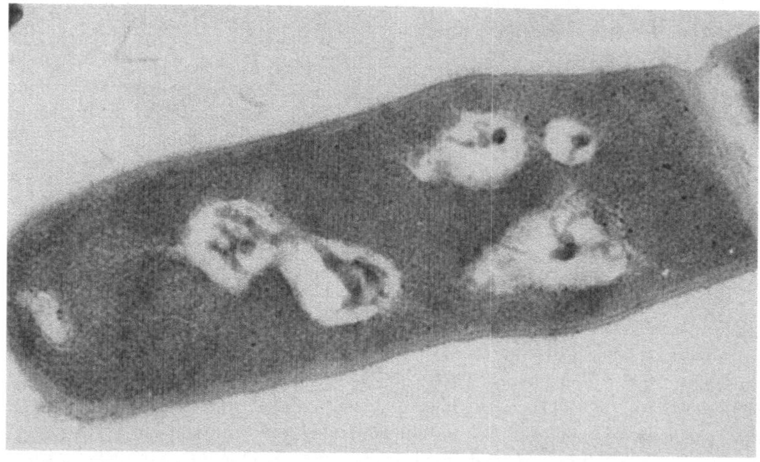

Abb. 1

Bacillus megaterium ließ sich zeigen, daß bei Anwendung der gleichen Methodik die Chromosomen der Dinoflagellaten [vgl. GRELL und WOHL-

FAHRT-BOTTERMANN, Z. Naturforsch. 47, 7 (1957)] und die Feulgen-positiven Körper der Bakterien weitgehende Übereinstimmungen aufweisen. Beide liegen als große Schrauben vor (vgl. Abb. 1), die selbst wieder aus schraubenförmigen Strukturen makromolekularer Größenordnung aufgebaut sind. Die „Großschrauben" der Bakterien bestehen dabei aus mindestens zwei ineinandergeschobenen Schrauben (vgl. Abb. 2). Im Laufe der

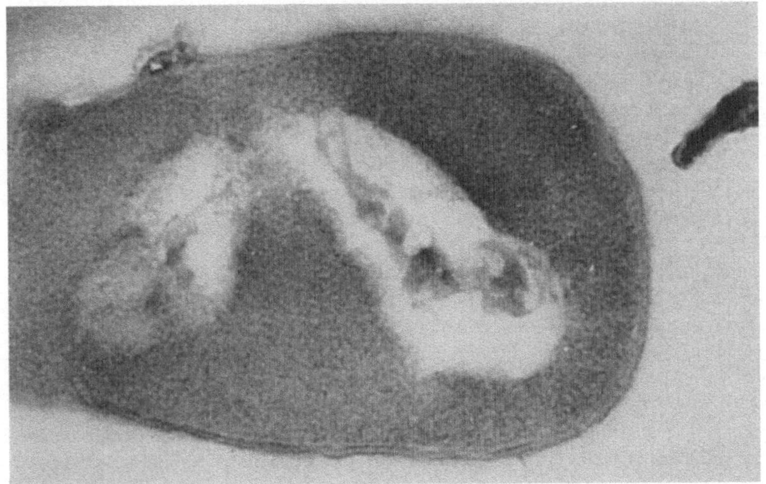

Abb. 2

Kernteilung entspiralisieren sich offenbar diese „Großschrauben", wie es — im Gegensatz zu fast allen anderen Organismen — wohl auch bei den Dinoflagellaten der Fall ist. Wir sind daher der Ansicht, daß jede „Kernvacuole" von Bac. megaterium offenbar ein einziges, echtes Chromosom enthält.

PIEKARSKI: Die Frage nach der Existenz eines echten Bakterienzellkerns ist vielleicht dadurch etwas in Mißkredit geraten, weil VON DE LAMATER klassische Mitosen beschrieb, die nicht ernst genommen wurden. Durch unsere Schnitte glauben wir aber, gezeigt zu haben, daß in Bakterien Strukturen vorliegen, die wahrscheinlich Beziehungen zu den Erscheinungen besitzen, über die Herr KAUDEWITZ berichtet hat.

WINKLER (Frankfurt/M.): Es wäre vielleicht erwähnenswert, daß es außer Transformationen, Rekombinationen und Transduktionen noch die sog. Konversion gibt. Im letzteren Falle wird keine genetische Substanz einer Spenderzelle übertragen, sondern die Lysogenisation allein veranlaßt die Empfängerzelle zur Ausbildung eines neuen bakteriellen Merkmals, z. B. bei Salmonellen die Bildung neuer Körperantigene oder Geißelantigene.

HESS (Heidelberg): Sind Sie der Ansicht, daß die räumliche Anordnung der Genloci der Histidinreihe eine Art Zeitgeberfunktion beinhaltet?

KAUDEWITZ: Diese Vermutung ist wohl naheliegend.

BÜCHER (Marburg): Darf ich vielleicht selbst noch ein oder zwei Fragen
an Sie richten? Die erste geht davon aus, daß Ihr Lineom doch irgendeine
strukturelle Bedeutung besitzt. Besonders interessant erschien mir die
räumliche Anordnung der Loci der einzelnen physiologischen Gene der
Histidinreihe in bezug zu den Funktionen der Enzyme, welche sie deter-
minieren; dies ist natürlich nur möglich, wenn das Lineom die Synthese von
Enzymen, die linearen Zweige des Stoffwechsels katalysierend, vermittelt.
Viele solcher Stoffwechselketten sind jedoch verzweigt oder bilden wie der
Citronensäure-Cyclus einen Kreis. Die entsprechenden Teile des Lineoms
müßten dann verzweigt oder gar kreisförmig sein.

KAUDEWITZ: JACOBS und WOLLMAN fanden tatsächlich, daß das Lineom von E. coli K 12 eine ringförmige Struktur bildet, welche sich nur zur
Rekombination öffnet. Nun zur eigentlichen Frage. Es wurde ja im Voran-
stehenden betont, daß die Übereinstimmung zwischen räumlicher Aufeinanderfolge bestimmter Genloci mit der zeitlichen Aufeinanderfolge der
von ihnen gesteuerten Syntheseschritte nur für die letzten Schritte einiger
längerer Syntheseketten gefunden wurde.

BÜCHER: Ich bin mir klar darüber, daß die genannten Zusammenhänge
kaum als Regel, geschweige denn als Gesetz bezeichnet werden können.
Dennoch bieten sie außerordentliche Anregungen. Darf ich nun noch einmal
auf die Diskussion zurückkommen, die gestern im Anschluß an meine Frage
an Herrn WALDENSTRÖM stattfand. Sie zeigten uns in Ihrem Referat, daß der
Genbegriff dadurch ins Schwanken geriet, daß das Auflösungsvermögen
unserer genetischen Methoden gestiegen ist. Das Gen, welches man früher
als morphologische Einheit ansah, ließ sich jetzt morphologisch und funktionell auflösen, so daß man heute von einem „physiologischen Gen" spricht
und in der Ein-Gen-ein-Enzym-Hypothese gewissermaßen den Spieß um-
kehrt, indem man von der Erscheinung eines Enzyms ausgehend denjenigen
Lineomabschnitt als „Gen" definiert, welcher das Programm für die Steuerung der Synthese des betreffenden Enzyms enthält.

BUTENANDT (München): Es ist doch wohl richtig, daß der alte Begriff
„Gen" unangetastet und gleich bleibt? Es ist ja doch nicht so, daß man die
Pseudoallele den Genen gleichsetzt. Was als „physiologisches Gen" bezeichnet wurde, entspricht dann dem alten Genbegriff. Das gilt für die
Koppelungsgruppen, die Austauschgruppen und die Analyse der zugeord-
neten Merkmale. Haben sich diese Definitionen geändert oder haben wir
nur etwas mehr über das Wesen des Genlocus gelernt?

KAUDEWITZ: Die Frage läßt sich nicht einfach mit Ja oder Nein beantworten, sondern bedarf weiterer Ausführungen: Der Genbegriff, so wie ihn
JOHANNSEN prägte, besaß ausschließlich einen funktionellen Inhalt. Mit der
später entwickelten Chromosomentheorie der Vererbung wurde der erste
Schritt unternommen, die Frage nach dem stofflichen Äquivalent der Gene
zu stellen und dem Gen als Wirkungseinheit einen Genort oder -locus
innerhalb der Erbstruktur zuzuordnen.

Neben dem ursprünglichen Inhalt des Genbegriffes, den einer genetischen
Wirkeinheit, traten im Verlaufe der weiteren Forschung zusätzliche Inhalte.
Im Rekombinationsexperiment erwies sich „das Gen" als Rekombinations-

einheit. Die Mutationsforschung beschrieb „es" als Mutationseinheit. Die biochemische Genetik schließlich vermochte präzise Aussagen über Genwirkketten zu machen und dadurch die im Wildtyp beobachtbare Synthese bestimmter Enzyme auf die Wirkung spezifischer Gene zurückzuführen. Im Hintergrunde dieser Erkenntnisse stand zunächst bewußt oder unbewußt die Annahme, daß alle diese verschiedenen Funktionen jeweils von ein und demselben stofflichen Äquivalent eines Genes, von einem Genlocus ausgeübt würden. Ein solcher wäre dann also gleichzeitig als „Recon" eine Rekombinations-, als „Muton" eine Mutations- und schließlich auch eine biochemische Funktions-Einheit. Diese Annahme war bei Verwendung der klassischen Objekte der Erbforschung nur sehr schwer prüfbar. LEWIS gelang trotzdem als erstem an *Drosophila* der Nachweis von Pseudoallelen und damit die Auflösung des Locus eines physiologischen Genes in mehrere Rekombinationseinheiten. Die *Neurospora-*, *Bakterien-* und *Phagen*-Genetik schließlich vermochte unter Ausnutzung des durch ihre besonderen Versuchstechniken gegebenen weit höheren Auflösungsvermögens ihrer Rekombinationsexperimente weiter vorzustoßen. Über die Ergebnisse der Phagen-Genetik wird Herr Prof. WEIDEL noch berichten. Hier soll das Transduktionsexperiment genannt werden. Es erwies den Genlocus als zusammengesetzt aus zahlreichen Rekombinations- und Mutationseinheiten. Die dargestellte Suppressor-Analyse spricht außerdem dafür, daß verschiedenen Abschnitten eines solchen Genlocus unterschiedliche Teilfunktionen innerhalb der übergeordneten Gesamtfunktion des Genlocus zukommen. Dieser selbst, als das stoffliche Äquivalent des Genes und damit als klar umrissener Teilabschnitt innerhalb des genetischen Materials einer Zelle, erhält eine ganz bestimmte funktionelle Definition: er steuert direkt oder indirekt die Synthese *eines* bestimmten Enzyms. Bis vor kurzem war die Annahme unwiderlegt, daß der Locus eines physiologischen Genes (wie dies tatsächlich für den genannten C-Locus der Histidin-Synthese bei Salmonella tiphymurium zutrifft) aus einem einzigen Cistron besteht. Neuere, noch nicht abgeschlossene Untersuchungen haben jedoch gezeigt, daß es auch Genloci gibt, die sich aus mehreren Cistrons aufbauen. Als Beispiel sei der Locus B der Histidin-Synthese bei S. t. genannt, der aus 4 Cistrons zusammengesetzt ist, von denen jedes zahlreiche Pseudoallele und damit gleichzeitig Mutations- und Rekombinationseinheiten enthält. Es wird vermutet, daß in diesem Falle die verschiedenen Cistrons eines Genlocus die Synthese verschiedener Polypeptide steuern, deren Vereinigung schließlich zu dem Proteinmolekül des betreffenden Enzyms führt. Neben die Ein-Gen-ein-Enzym-Hypothese ist damit die Ein-Cistron-ein-Polypeptid-Hypothese getreten.

Zusammenfassend ergibt sich also: Der Genbegriff enthält heute mehrere funktionelle Inhalte, die sich auf Einheiten beziehen, deren stoffliche Äquivalente zumindest nicht notwendigerweise durch gleich große Abschnitte der genetischen Substanz gebildet werden.

Einige Probleme der Phagengenetik

Von

Wolfhard Weidel

Max-Planck-Institut für Biologie, Tübingen

Mit 5 Textabbildungen

Die nur für Bakterien infektiösen Virustypen, die man Bakteriophagen nennt, sind allem Anschein nach aus nichts anderem als Protein und Nucleinsäure zusammengesetzt. Das Teilchenprotein ist aber keinesfalls strukturell einheitlich, vielmehr hat man mehrere Proteinkomponenten zu unterscheiden, die im Verlaufe eines Vermehrungscyclus jeweils besondere Aufgaben zu erfüllen haben. Sie sind daher im Phagenteilchen in ganz bestimmter Weise zusammengefügt und bedingen so im wesentlichen dessen eigenartige und für ein so kleines Objekt bereits erstaunlich komplizierte Gestalt (Abb. 1). Man kann und muß in der Tat bereits in diesen winzigen Dimensionen Morphologie treiben, um die Funktionsweise dieser merkwürdigen Gebilde richtig verstehen zu können.

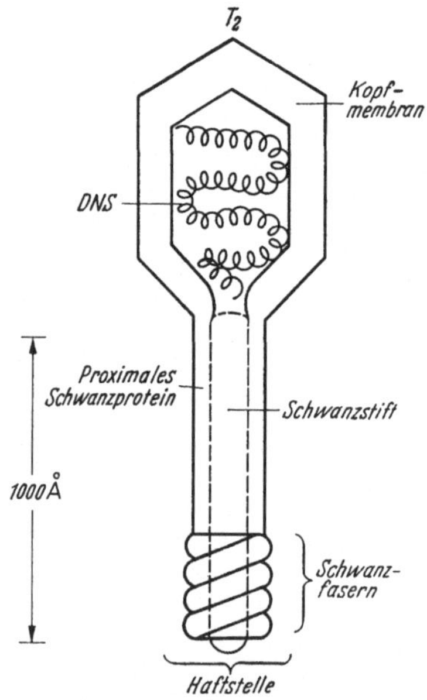

Abb. 1.
Anatomie des T 2-Phagen, nach Kozloff[25]

In der Hauptsache ist es der Infektionsprozeß, bei dem die verschiedenen Proteinkomponenten eines Phagenteilchens ins Spiel kommen und ihre Funktionen entfalten, nicht aber der anschließend einsetzende Vermehrungsprozeß. Da erst in dessen

Bereich die bei Phagen zu beobachtenden genetischen Phänomene auftauchen, können die Proteine des Teilchens und ihre Funktionen hier undiskutiert bleiben, allerdings mit dem ausdrücklichen Vorbehalt, daß damit nichts darüber entschieden sein soll, ob nicht doch die eine oder andere Proteinkomponente eines Phagenteilchens auch in den Vermehrungsprozeß selbst auf eine Weise einbezogen wird, die sie als Trägerin echter genetischer Funktionen ausweisen würde.

Die Frage, ob auch die Nucleinsäure eines Phagenteilchens unterteilbar sei, z. B. in genetisch aktive und in genetisch irrelevante, unspezifische Komponenten, wird noch ausgiebiger Erörterungen bedürfen. Daß aber zumindest ein erheblicher Prozentsatz der Nucleinsäure eines Phagenteilchens für den intracellulären Vermehrungsprozeß unentbehrlich und als Träger genetischer Spezifität zu betrachten ist, konnte zuerst durch HERSHEY und CHASE[1] gezeigt werden. In grober Veranschaulichung wirkt ein Phagenteilchen* wie eine Injektionsspritze, die ihren Inhalt — zu 97% Nucleinsäure (HERSHEY[2]) — in die Bakterienzelle hineinbefördert, während die Spritze selbst, ganz aus Protein bestehend, draußen an der Zellwand hängenbleibt und abgestreift werden kann, ohne daß der Vermehrungsprozeß dadurch im geringsten beeinträchtigt wird.

Die eingespritzte Phagennucleinsäure ist Desoxyribonucleinsäure (DNS), und nicht zuletzt deshalb sind die Phagen so besonders wertvolle Studienobjekte. Denn die überwiegende Mehrzahl aller sonst experimentell gut zugänglichen Virusarten enthält RNS, die nicht als genetische Substanz par excellence aufzufassen ist. Auf jeden Fall ist sie nur als Teilstück in das Gesamtbild genetischer Prozesse und Mechanismen eingefügt, das man gern entwerfen möchte.

Natürlich hat es seither nicht an Versuchen gefehlt, mit reiner Phagennucleinsäure Effekte zu erzielen, die den bakteriellen Transformationen entsprechen würden, also Bakterienzellen mit solchen Präparaten zu infizieren. Man hoffte, sie so unter Umgehung aller proteingebundenen Mechanismen, die Phagenteilchen beim normalen Infektionsmodus in Gang setzen, zur Phagenproduktion veranlassen zu können. Ein Gelingen dieses Versuches

---

* Im folgenden ist damit stets, wenn nicht ausdrücklich anders angegeben, der Typ T 2 gemeint.

würde die Beteiligung genetisch irgendwie spezifischen Phagenproteins am Vermehrungsprozeß am eindeutigsten ausschließen.
Vorläufig sind aber in dieser Richtung noch keine echten Erfolge
erzielt worden. Zwar kann man Bakterienzellen nach Eingriffen,
die zu einer Auflockerung ihrer Zellwandstruktur führen und sie
in sog. Protoplasten umwandeln, mit Präparaten infizieren, die
praktisch frei sind von intakten Phagenteilchen und aus solchen
durch Harnstoffbehandlung oder osmotischen Schock zu gewinnen
sind (FRASER et al.[3], SPIZIZEN[4]). Derartige Präparate enthalten
aber noch das gesamte Protein der zur Herstellung benutzten
Phagenteilchen und stellen offensichtlich sehr inhomogene Mischungen aus freier Phagennucleinsäure sowie teils vollständig,
teils unvollständig davon entleerten, lädierten Proteinhüllen von
Phagenteilchen dar. Ihre Infektiosität ist gegenüber der entsprechend konzentrierten, unbehandelten Phagensuspension um
Größenordnungen gesunken, und es ist deshalb schwer herauszufinden, welche chemische und morphologische Beschaffenheit den
in der Mischung noch verbliebenen, infektiösen Einheiten überhaupt zukommt. Die darin enthaltene freie Phagennucleinsäure
ist wohl fast mit Sicherheit als das infektiöse Agens auszuschließen.
Jedenfalls sind alle Versuche, Infektionen mit deproteinisierter,
reiner Phagennucleinsäure hervorzurufen, bisher gescheitert.

So ist man also vorläufig darauf angewiesen, die Phagenvermehrung bei allen biochemisch-genetischen Untersuchungen
auch weiterhin über den normalen Infektionsweg zu starten, der
zwar die Beteiligung spezifischer Teilchenproteine an den hier
interessierenden Vorgängen nicht mit Sicherheit auszuschließen
gestattet, aber den ungeheuren Vorteil hat, quantitative Dosierungen zu erlauben. Man hat es in der Hand und kann vorher
bestimmen, wieviel Päckchen Phagennucleinsäure jede in den Versuch einbezogene Bakterienzelle empfangen und welche Art
genetischer Spezifität der DNS aufgeprägt sein soll. Diese Vorteile
würden entfallen, wollte, könnte oder müßte man gar *freie* Phagennucleinsäure als infektiöses Agens benutzen, weil deren Einverleibung in Zellen nicht mehr auf den starren Schienen der Adsorptions- und Injektionsmechanismen *kompletter* Phagenteilchen laufen würde und daher unkontrollierbaren Zufälligkeiten ausgesetzt
wäre. Dies wird am besten durch die experimentelle Situation
illustriert, in der man sich bei der Durchführung bakterieller

Transformationen befindet, und deren Crux darin besteht, daß zwangsläufig stets unbekannte Prozentsätze des angewandten transformierenden Agens zur Wirkung kommen.

Angenommen, die Phagen-DNS sei wirklich allein Träger aller genetischen Spezifität im Phagenteilchen. Man sieht sich dann veranlaßt, sofort einige bedeutsame Schlüsse zu ziehen. Vor allem scheint die Folgerung unausweichlich, daß unter diesen Umständen sämtliche strukturellen Details aller Proteinkomponenten des Phagenteilchens irgendwie in der Struktur dieser seiner DNS abgebildet sein müssen. Denn man gewinnt den Eindruck, daß diese ganz aus sich heraus eine geeignete Zelle dazu zu bringen vermag, wieder *komplette* Phagenteilchen aufzubauen.

Doch hier erhebt sich bereits ein Einwand, der bisher wahrscheinlich nicht genügend Beachtung fand. Es besteht nämlich keinerlei Sicherheit für die Annahme, daß die genetische Substanz eines Phagenteilchens eine *lückenlose* Information über die Struktur aller seiner sonstigen stofflichen Komponenten enthalten müsse. Die Information kann vielmehr um so lückenhafter sein, je spezifischer der Beitrag der Wirtszelle bei der Phagensynthese ist. Es ist durchaus denkbar, daß diese überhaupt nur einiger „Stichworte" bedarf, um darauf sofort die Synthese eines bestimmten Phagentyps in Gang zu bringen, in der Hauptsache also recht autonom auf Grund ihrer eigenen biochemischen und genetischen Konstellation. Man hat sich zu sehr daran gewöhnt, die Leistung der Zelle bei der Virussynthese bloß darin zu erblicken, daß sie ihre biologisch unspezifische Grundausrüstung an Enzymen zur Verfügung stellt, die der Energiegewinnung und Bausteinsynthese dienen. Die weitere Untersuchung der Frage, warum der eine Zelltyp geeignet ist, einen bestimmten Virustyp zu reproduzieren, der andere nicht, dürfte hierzu wichtige Aufschlüsse ergeben, und hierfür z. B. wird es unentbehrlich sein, Zellen mit reiner genetischer Substanz von Phagen infizieren zu lernen, um auf diese Weise die starre und für die angeschnittene Frage unerhebliche Selektivität der normalen Infektionsmechanismen umgehen zu können. Es sind bereits genügend Fälle bekannt, wo Zelltypen, die auf *normalem* Wege von einem bestimmten Virustyp nicht infiziert werden können, diesen Typ nichtsdestoweniger zu reproduzieren vermögen, wenn nur dessen genetische Substanz auf irgendeine *andere* Weise in sie hineingelangt. Künftig wird man daher sein Augenmerk gerade auf solche Fälle zu richten haben, wo auch dies nichts nützt, die Zelle also mit den in sie hineingetragenen genetischen Informationen, vermutlich eben wegen ihrer Lückenhaftigkeit, nichts anfangen kann.

Sollten aber diese Informationen, die ein Virusteilchen über seine eigene Struktur in seiner genetischen Substanz mitführt, *stets* mehr oder weniger lückenhaft sein, dann sind die Viren lange nicht so geeignet wie man hofft, den Code entziffern zu helfen, der ihre spezifischen Nucleinsäure- und Proteinstrukturen miteinander korreliert und darüber hinaus vielleicht universelle Gültigkeit hat. Man stellt sich zwar vor, daß phänotypische Realisierung genetischer Information generell auf eine Übertragung spezifischer Nucleotidsequenzen in spezifische Aminosäuresequenzen hinauslaufen könnte. Doch dämpft hier eine weitere Überlegung abermals verfrühten Optimismus. Wir wissen ja gar nicht, ob es sich bei den phänotypisch in Erscheinung tretenden Proteinstrukturen z. B. eines Phagenteilchens wirklich um primäre Übersetzungsprodukte des Nucleinsäurecodes handelt. Ist dies aber nicht so, dann hat man keine Aussicht, an den eigentlichen Code heranzukommen, wenn man den Versuch macht, solche womöglich sekundären, tertiären oder noch weiter vom Startpunkt entfernten Proteinstrukturen zu diesem, d. h. wahrscheinlich zu gewissen Nucleotidsequenzen unmittelbar in Beziehung zu setzen, wie es häufig vorgeschlagen wird (STREISINGER[5]). Zweifellos sind wir noch nicht so weit, quasi am Schreibtisch ausrechnen zu können, was man tun muß, um letzte Klarheit in Zusammenhänge zu bringen, die man großenteils doch erst vermutet. Gerade in bezug auf die Mechanismen, die die Realisierung genetischer Informationen besorgen, wissen wir aber nicht einmal recht, was wir vermuten sollen.

Wesentlich besser steht es hingegen mit unserer Einsicht in bestimmte strukturelle Gegebenheiten der genetischen Substanz bei Phagen, von der vorausgesetzt bleibe, daß es sich um DNS handelt. Chemie, physikalische Chemie und Elektronenmikroskop haben gezeigt, daß die DNS-Struktur linear ist. Phagen-DNS besteht aus Fadenmolekülen ganz besonders beträchtlicher Länge. Es ist nun von außerordentlicher Bedeutung, daß die lineare Struktur der genetischen Substanz von Phagenteilchen auch auf einem ganz anderen Wege erschlossen werden kann, ohne daß man dazu überhaupt wissen muß, welcher chemischen Körperklasse sie angehört. Dazu verhalf die Entdeckung, daß die genetische Spezifität, über die ein Phagenteilchen verfügt, nicht etwa einen Gesamtkomplex darstellt, der weiterer Unterteilung unzugänglich ist, sondern daß ganz das Gegenteil zutrifft. Der Gesamtkomplex setzt sich aus zahlreichen Untereinheiten zusammen, die Genen gleichgesetzt werden können, weil sie unabhängig voneinander mutieren und durch entsprechende Maßnahmen willkürlich gegeneinander austauschbar sind. Dies geschieht durchaus in Analogie zu klassischen genetischen Kreuzungsexperimenten, indem man die gleiche Bakterienzelle mit zwei oder mehr Phagenteilchen verschiedener genetischer Konstitution infiziert. Die Zelle entläßt dann, außer Phagenteilchen vom Elterntyp, auch noch sog. Rekombinanten, also Teilchen, die die charakterisierenden Gene der Eltern in allen permutatorisch möglichen Neuzusammenstellungen enthalten. Systematische Anwendung solcher Kreuzungsexperimente ergab alsbald, daß jedes Gen seinen festen Platz innerhalb der materiellen Struktur haben muß, die es birgt, und daß diese Plätze in einer langen, unverzweigten Reihe angeordnet sind (STREISINGER[6]). Mithin ist es am einfachsten, anzunehmen, daß auch die Struktur selbst sich vorwiegend in *einer* Dimension erstreckt, also Fadencharakter besitzt. Die Entdeckung, daß die fadenförmige DNS der Phagenteilchen sicherlich Träger, wenn nicht gar alleiniger Träger von Phagengenen ist, kam erst nachträglich hinzu und fügte sich natürlich ganz ausgezeichnet ins Bild.

Leider ist die Chemie bisher eine Methode schuldig geblieben, mit der Nucleotidsequenzen in Nucleinsäurefäden exakt bestimmt werden könnten, geschweige denn eine Methode, die es gestattete, bestimmte Teilsequenzen in einem gegebenen DNS-Faden auszusondern und mit bestimmten Genen zu identifizieren. Geschickte Ausnutzung der Möglichkeiten, die die Phagengenetik bietet, hat dagegen einige Schritte zu tun erlaubt, die wenigstens schon in diese sehr erwünschte Richtung führen, und es ist vor allem BENZER[7] zu verdanken, daß dabei einige grundsätzliche Zusammenhänge begrifflich neu beleuchtet und erheblich geklärt werden konnten.

Um die Strukturanalyse der genetischen Substanz mit Hilfe von Kreuzungsexperimenten bis zur äußersten Grenze treiben zu können, braucht man offenbar eine Technik so hohen Auflösungsvermögens, daß man prinzipiell damit Genabstände noch messen könnte, die gar nicht mehr vorkommen, weil sie kleiner wären als aus theoretischen Gründen überhaupt möglich ist. Die theoretische Grenze der Unterteilbarkeit der genetischen Substanz durch Rekombination erkennt man sofort, wenn man sie mit DNS identifiziert und entsprechenden Überlegungen deren molekulare Struktur zugrunde legt. Zweifellos kann in einer Polynucleotidkette keine kleinere Einheit ausgetauscht werden als ein ganzes Nucleotid. Um also die relativen, in Prozent Rekombinationswahrscheinlichkeit ausgedrückten Abstände auf der Genkarte eines Phagenteilchens in absolutes, molekulares Maß zu verwandeln, braucht man nur die Rekombinationswahrscheinlichkeit pro Nucleotid auszurechnen, bzw. richtiger: pro Nucleotidpaar, da die Doppelhelixstruktur der DNS nach WATSON-CRICK[8] mit ihren charakteristischen Basenpaarungen zu berücksichtigen ist. Dazu bedarf es erstens genauer Kenntnis des Nucleinsäuregehaltes eines Phagenteilchens, zweitens einer möglichst sicheren Abschätzung der Gesamtlänge seiner Genkarte, ausgedrückt in Rekombinationseinheiten, und schließlich der plausiblen Annahme, daß die Rekombinationswahrscheinlichkeiten über das ganze, der Genkarte entsprechende DNS-Molekül gleichmäßig verteilt sind, also keine Region bevorzugt rekombiniert. Der Nucleinsäuregehalt des Phagentyps T 4 z. B. entspricht 2×10^5 Nucleotidpaaren[9], und für die Genkarte kann eine Gesamtlänge von 200 Rekombinationseinheiten angesetzt werden[10, 11], wobei 1 Einheit $= 1\%$ Rekombinationswahrscheinlichkeit bedeutet. Die gesuchte Rekombinationswahrscheinlichkeit pro Nucleotidpaar ergibt sich dann einfach durch Division von $200 : 2 \times 10^5$ als 10^{-3} Prozent. Dies bedeutet, daß eine Kreuzung zwischen zwei Phagen mit genetischen Markierungen, die gerade nur um ein Nucleotidpaar gegeneinander verschoben sind, unter 10^5 Teilchen, die einem der beiden Elterntypen gleichen, ein Teilchen liefern würde, das eine Rekombinante ist und demgemäß andere Eigenschaften hat als diese, an denen es auch erkannt werden könnte.

Es kommt somit darauf an, eine Selektionsmethode zu entwickeln, die möglichst noch mehr leisten würde als die Aussonderung eines einzigen, gesuchten Phagenteilchens aus 100 000 anderen, um sicher unterhalb der errechneten Wahrscheinlichkeitsgrenze zu bleiben. BENZER entwickelte eine Methode, die es ihm gestatten würde, sogar eine Rekombinante aus 100 Millionen

Phagenteilchen vom unveränderten Elterntyp sicher herauszufinden! Tatsächlich traten in Experimenten mit zahlreichen, engstens benachbarten genetischen Markierungen beim Phagentyp T 4 niemals Rekombinanten auf, die seltener waren als eine unter 5000. Daraus folgt entweder, daß ein DNS-Molekül durch Rekombination nicht feiner unterteilt wird als in Stücke von 10—20 Nucleotidpaaren, oder daß, wenn die kleinste rekombinierende Längeneinheit doch bis zum einzelnen Nucleotidpaar hinuntergeht, vielleicht nicht die gesamte DNS eines T 4-Teilchens als genetische Substanz fungiert. Es handelt sich hier nur um eine erstmalige Abschätzung der gesuchten quantitativen Zusammenhänge, die noch durch gewisse Unsicherheitsfaktoren belastet ist, auf die hier nicht näher eingegangen werden kann. Daher darf man auf den genauen Zahlenwert für die Länge der rekombinierenden Einheit im DNS-Molekül, die BENZER das „Recon" nennt, und auf davon abhängige Konsequenzen noch kein allzu großes Gewicht legen. Wichtig ist vielmehr, daß dieser Begriff eingeführt wurde, daß ein Weg gezeigt werden konnte, ihn quantitativ zu belegen, und daß das Experiment jedenfalls zu einer vernünftigen Größenordnung führte.

Die absolute Größe der rekombinierenden Grundeinheit des Recons sagt natürlich noch nichts über die kleinste Länge aus, wiederum ausgedrückt als Anzahl benachbarter Nucleotidpaare, die strukturell verändert werden muß, um als Mutation phänotypischen Ausdruck zu gewinnen. Diese Länge, von BENZER als „Muton" bezeichnet, konnte von ihm ebenfalls abgeschätzt werden. Zu diesem Zweck sucht man drei möglichst eng zusammenliegende Mutationen aus und bestimmt die drei Rekombinationshäufigkeiten „außen-innen", „innen-außen" sowie „außen-außen". Nimmt das in der Mitte liegende Muton einen merklichen Abschnitt auf dem DNS-Faden ein, dann muß der Abstand „außen-außen", gemessen in Rekombinationseinheiten, größer sein als die Summe der beiden anderen Abstände. Das Ergebnis ist, daß das Muton kaum größer ist als das Recon. Man muß also damit rechnen, daß bereits die Unterschiebung eines einzigen „falschen" Nucleotids anstelle des an den betreffenden Platz gehörenden „richtigen" den Effekt einer Mutation hervorrufen kann.

Von ganz anderer Größenordnung als Recon und Muton ist hingegen ein Abschnitt auf dem DNS-Faden, der eine integrierte

biochemische Funktion erfüllt, also etwa, um es anschaulich auszudrücken, das genetische Äquivalent eines bestimmten Proteinmolekültyps darstellt, für dessen Synthese es zu sorgen hat. Ein
solcher durch eine integrierte Funktion definierter Abschnitt auf
einem DNS-Faden würde etwa dem Genbegriff entsprechen, wie
er in der „Ein-Gen-ein-Enzym-Hypothese" verwendet wird.
Benzers Technik ermöglicht auch hierfür eine ungefähre Längenbestimmung. Zur experimentellen Grundlage dafür wurde der
Befund, daß die von ihm untersuchten T 4-Mutanten in zwei

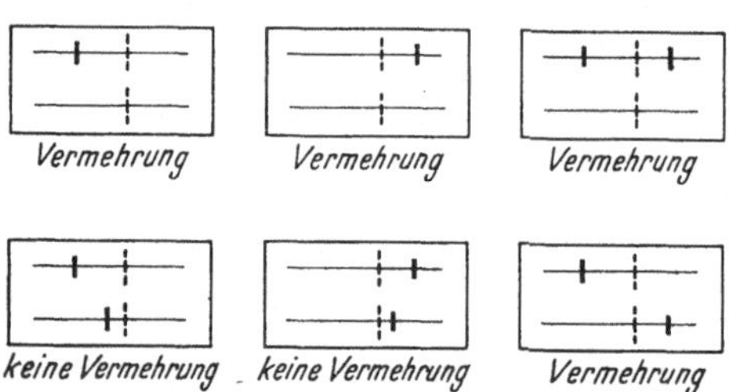

Abb. 2. Schema vermehrungsaktiver und vermehrungsinaktiver Mutantenpaarungen bei
T 4, nach Benzer[7]. Dünne, längere Vertikalstriche grenzen A- und B-Cistron gegeneinander
ab. Dicke, kürzere Vertikalstriche bezeichnen mutierte loci. Weitere Erklärungen im Text

Gruppen aufgeteilt werden können. In einem bestimmten Wirtszelltyp vermag keine von allen Mutanten Nachkommen zu erzeugen, wenn sie ihn allein infiziert. Benutzt man hingegen zwei
verschiedene Mutanten, um damit diese Wirtszellen gleichzeitig,
also doppelt zu infizieren, dann entstehen entweder Nachkommen
oder es entstehen keine. Alle Mutanten, die auch bei solchen
Paarungen keine Nachkommen hervorbringen, gehören zur gleichen Gruppe. Alle Angehörigen der einen Gruppe erzeugen bei
Paarungen mit einem beliebigen Angehörigen der anderen Gruppe
stets Nachkommen, ebenso aber auch sämtliche Mutanten aller
beider Gruppen bei Paarung mit Wildtyp.

Diesen Effekten liegt ein genetischer Mechanismus zugrunde,
der durch ein cis-trans-Modell einfach zu veranschaulichen ist.
Die Mutanten der beiden Gruppen liegen alle entweder im einen
oder im anderen von zwei unmittelbar aneinander anschließenden
Abschnitten des DNS-Fadens, die als A und B bezeichnet seien.
Bei paarweisen Infektionen ergeben sich dann die in Abb. 2
angegebenen Möglichkeiten. Offenbar kann eine Phagenvermehrung nur einsetzen, wenn die Wirtszelle mindestens einen ganz

intakten Abschnitt A und mindestens einen ganz intakten Abschnitt B des T 4-Genoms erhält. Die beiden intakten Abschnitte
brauchen aber nicht im *gleichen* Genom bzw. DNS-Faden zu
liegen. Daraus folgt, daß den Abschnitten A und B unentbehrliche
Funktionen zukommen, die einander ergänzen können und müssen,
wenn es zur Teilchenvermehrung kommen soll, und daß eine
einzige Mutation in A oder B den ganzen Abschnitt außer Funktion
setzt, der von BENZER als „Cistron" bezeichnet wird. Es hat sich
gezeigt, daß in einem solchen Cistron gut hundert verschiedene

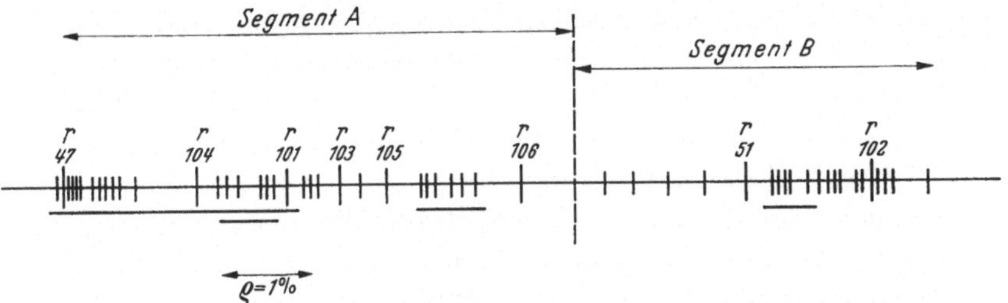

Abb. 3. Genetische Feinstruktur von A- und B-Cistron, nach BENZER[7]

Mutons Platz haben (Abb. 3), so daß es sich über ein paar Hundert
oder Tausend Nucleotidpaare erstrecken dürfte.

Durch die von BENZER geprägten Begriffe Recon, Muton und
Cistron mit ihren genau definierten Bedeutungen hat der klassische
Genbegriff eine längst fällige Differenzierung erfahren. Das klassische Gen war eine Einheit, die als Ganzes mutierte, rekombinierte
und funktionierte. Wir sehen, daß diese Definition des Gens nicht
zutrifft, aber unvermeidlich war, solange das Auflösungsvermögen
genetischer Methoden, zu verstehen durchaus im Sinne des
optischen Begriffes, nur allzu klein war. Inzwischen bleibt nur
die Funktion an ein komplexeres Ganzes gebunden. Mutieren und
rekombinieren tun wesentlich kleinere Unterabschnitte davon.
Mindestens ebenso wichtig wie diese begrifflichen Klärungen ist
aber die Tatsache, daß BENZERs Überlegungen der Sprache der
Genetiker zu einem übersichtlichen Anschluß an die Sprache der
Biochemiker und Biophysiker verholfen haben. In Nucleotidein-
heiten meßbare Längen sind doch von weit erfreulicherer Hand-
festigkeit als Rekombinationswahrscheinlichkeiten, um strukturelle
und funktionelle Überlegungen darauf aufzubauen.

Es wird vielleicht nicht ohne weiteres auffallen, daß die in Abb. 2 zusammengestellten Schemata von vermehrungsaktiven und vermehrungsinaktiven Paarungen von T 4-Mutanten eigentlich nicht recht zu begreifen sind, wenn man sich nunmehr der Frage nach dem Vervielfältigungsprozeß der genetischen Substanz zuwendet und dieses zweite von ihr aufgegebene Grundproblem unter dem Gesichtswinkel des Watson-Crickschen Modells[8] betrachtet. Wären nämlich DNS-Moleküle wirklich die autonomen, zu autokatalytischer Reproduktion und genetischer Rekombination befähigten Gebilde, als die sie auf Grund des genannten Modells von der Delbrück-Viscontischen Paarungstheorie[12] behandelt werden, dann könnte man nicht einsehen, warum ein Mutantenpaar, das je eine Mutation im gleichen Cistron trägt, mit der Vermehrung nicht in Gang kommt. Die beiden DNS-Fäden sollten doch allein auf Grund der Basenpaarungsgesetze mit ihrer Reduplikation beginnen, worauf alsbald erfolgende Rekombinationen dafür sorgen müßten, daß DNS-Fäden ohne mutative Störung im betreffenden Cistron auftreten. Damit stünde dann der Produktion einer zahlreichen Nachkommenschaft funktionstüchtiger T 4-Teilchen nichts mehr im Wege.

Daß der Block nicht überwunden werden kann, weist darauf hin, daß hier ein DNS-gesteuerter Vorgang im Spiel ist, der frühzeitig anlaufen muß, damit die DNS-Reproduktion überhaupt in Gang kommen kann. Ist aber das für den Initialprozeß verantwortliche Cistron nicht intakt, dann geschieht eben überhaupt nichts. DNS ist also womöglich ganz und gar nicht dazu imstande, ihre eigene Reproduktion so unmittelbar zu dirigieren, wie nach dem Watson-Crickschen Modell angenommen werden könnte.

Hierfür gibt es noch eine ganze Reihe weiterer Anhaltspunkte. Mehrere Autoren fanden z. B. unabhängig voneinander, daß die Neusynthese von Phagen-DNS in der infizierten Zelle, die normalerweise bald nach der Infektion einsetzt, vollkommen unterdrückt wird, wenn die Zelle vom Moment der Infektion an daran gehindert wird, Proteine zu synthetisieren — sei es, daß man dem Nährmedium Chloramphenicol zusetzt (MELECHEN[13]; TOMIZAWA und SUNAKAWA[14]; HERSHEY und MELECHEN[15]), sei es, daß man auxotrophe Wirtszelltypen verwendet, denen man die benötigte Aminosäure vorenthält (BURTON[16]). Die DNS-Synthese beginnt erst, nachdem der willkürlich gesetzte Block aufgehoben und eine gewisse Menge Protein von der Zelle synthetisiert worden ist. Hierauf kann man die Proteinsynthese in der Zelle erneut stillegen, aber nunmehr ohne daß dadurch die einmal in Gang gekommene DNS-Synthese wieder gestoppt würde. Besonders interessant ist dabei, daß die Synthesegeschwindigkeit der DNS davon abhängt, wieviel Protein während der Zeit der vorübergehenden Aufhebung des Blocks aufgebaut wurde. Je länger diese Periode, je mehr Protein also, desto höher die Syntheserate der DNS. Das alles spricht sehr dafür, daß die infizierende DNS zunächst für die Synthese eines spezifischen Proteins zu sorgen hat, dessen Aufgabe es hinwiederum ist, nunmehr erst die Resynthese der spezifischen DNS zu besorgen, der es seine Entstehung und eigene Spezifität verdankt.

Dieses Initialprotein ist übrigens serologisch nicht verwandt mit einem der Proteine, die als Komponenten der fertigen Phagenteilchen auftauchen. Deren Synthese beginnt erst relativ spät, und sie können natürlich trotz weiterlaufender DNS-Synthese nicht gemacht werden, solange die zweite Blockierungsperiode aufrechterhalten wird. Während dieser Zeit entstehen also auch keine neuen Phagenteilchen. Hebt man auch den zweiten Block auf, dann läuft alles normal zu Ende, und mit Tracer-Technik läßt sich zeigen, daß die inzwischen angehäufte DNS in die nun neu entstehenden Phagenteilchen inkorporiert wird (HERSHEY und MELECHEN[15]). Allerdings fehlt noch der nicht leicht zu erbringende Nachweis, daß dies ohne molekulares Rearrangement geschieht, daß also schon die unter Chloramphenicol angehäufte DNS volle genetische Spezifität besaß. Wiederum würde man wünschen, Bakterienzellen mit reiner Phagen-DNS infizieren zu können, denn damit ließe sich die eben angeschnittene Frage leicht direkt prüfen.

Die Synthese der beiden Phagenteilchenkomponenten DNS und Protein läßt sich auch in umgekehrtem Sinne dissoziieren. WATANABE[17] fand, daß Teilchenprotein in großen Mengen produziert wird, ohne daß dem eine Synthese von Phagen-DNS parallel läuft, wenn man infizierte Zellen gegen Ende der Eklipse mit UV-Dosen bestrahlt, die die DNS-Synthese sistieren und die Produktion kompletter Phagenteilchen nahezu vollständig unterdrücken.

Man gelangt so zu dem Schluß, daß es die Aufgabe der infizierenden Phagen-DNS ist, zwei unabhängig voneinander operierende biosynthetische Mechanismen in der Zelle in Gang zu setzen, von denen der eine neue Phagen-DNS macht, wofür immerhin das molekulare Modell zur Verfügung steht, der andere dagegen neue Phagenhüllen mit anhängendem Injektionsapparat aufbaut, wofür in der Zelle kein Modell greifbar ist. Die in allen Details noch ganz unbekannten Wege, auf denen die beiden aufgezeigten, gegenseitig unabhängigen Synthesen verlaufen, münden erst wieder zusammen, kurz bevor ein fertiges Phagenteilchen aus seinen beiden Hauptkomponenten zusammenzustellen ist. Dieser „Reifung" genannte Vorgang scheint nun aber überhaupt nicht mehr genetisch gesteuert zu werden. Sonst könnte der als „phenotypic mixing" bezeichnete Effekt (STREISINGER[18]; BRENNER[19]) nicht auftreten. Damit ist gemeint, daß in einer mit zwei verschiedenen Phagentypen gleichzeitig infizierten Bakterienzelle sehr häufig bei der Reifung die neusynthetisierte DNS des einen Typs in die Proteinhülle des anderen Typs verpackt wird und umgekehrt. Dabei entstehen also Teilchen, die einen zu ihrem Genotyp gar nicht passenden Phänotyp aufweisen, was sich z. B. in ihrem Wirtsbereich ausdrückt. Die Teilchen können Zelltypen infizieren, die für sie unangreifbar wären, wenn sie die zu ihrem Genotyp passende Proteinhülle besäßen, und die Zellen produzieren dann Phagenteilchen, denen gegenüber sie eigentlich resistent sind.

So taucht nun also schließlich das Problem auf, ob die infizierende Phagen-DNS ihre beiden eben besprochenen, sicherlich höchst anspruchsvollen und grundverschiedenen Hauptaufgaben lösen und dabei strukturell doch vollkommen intakt bleiben kann. Zweifellos ist genetische Kontinuität am leichtesten zu verstehen und am einfachsten zu erklären, wenn man sie auf eine unmittelbare materielle Kontinuität zurückführt. Dann natürlich verfällt man zuerst auf Matrizenmechanismen in allen möglichen Varianten — und nur auf solche. Eine recht charakteristische Folge davon ist aber, daß bei allen entsprechenden Überlegungen zunächst meist vollständig die Tatsache verdrängt wird, daß Vererbung sich nicht im Weiterreichen von Matrizen erschöpft, sondern die Herstellung kompliziertester Phänotypen einbegreift, also Vorgänge ganz anderer Art, die ja schließlich ebenso als funktionelle Konsequenzen aus der Struktur der hypothetischen Matrize herleitbar sein müßten wie deren vorausgesetzte autokatalytische Kopierbarkeit. Sofern Ansätze dazu gemacht werden, bleiben sie zudem abermals fast ausnahmslos in nur unwesentlich erweiterten Matrizenvorstellungen stecken.

Ohne Zweifel hat das Watson-Crick-Modell der DNS sehr viel dazu beigetragen, die Matrizenhypothese im Vordergrunde des Interesses zu halten, da das ihm zugrunde liegende Prinzip der komplementären Paarung von Purinen und Pyrimidinen erstmals konkrete strukturchemische Gesetzlichkeiten anstelle höchst vager Annahmen ad hoc zur Grundlage einer Matrizenhypothese machte, die aber trotzdem bis heute Hypothese blieb, weil ihre experimentelle Prüfung, wie sogleich zu besprechen sein wird, wider Erwarten immer wieder zweideutige Resultate ergab. Vielleicht wird sich eines Tages herausstellen, daß ein anderer Aspekt des DNS-Modells, nämlich das Prinzip, spezifische Nucleotidsequenzen zur Speicherung spezifischer Informationen zu benutzen, viel wichtiger ist als das Prinzip der komplementären Basenpaarung. Man kann doch gar nicht übersehen, daß Sequenzen außerordentliche Vorteile gegenüber Matrizen bieten, wenn es sich darum handelt, Informationen nicht nur zu speichern, sondern sie auch zu übertragen und vor allem sie zu realisieren. Der Vorteil liegt darin, daß eine räumliche Sequenz im Gegensatz zur Matrize die Möglichkeit bietet, den Zeitfaktor als zusätzlichen Parameter auszunützen, wenn sie in einem dynamischen System, wie es die lebende Zelle ja darstellt, zur Wirkung kommt. Es erscheint nicht abwegig, anzunehmen, daß die Zelle imstande ist, einer Polynucleotidkette die Informationen *nacheinander* durch einen Mechanismus zu entnehmen, der die Kette, unter Umständen Nucleotid für Nucleotid, vom einen Ende zum andern abbaut und dafür sorgt, daß die Sequenz der bereits entfernten Nucleotide nicht sofort „vergessen", sondern ihr Informationsgehalt in vielleicht völlig veränderter Form dadurch bewahrt wird, daß synchron mit dem Abbau neue Strukturen, z. B. Proteine, aufgebaut werden. Hierbei würde der ursprüngliche Informationsträger also völlig zerstört werden, oder mit anderen Worten und exemplifiziert am System Phagenteilchen-Bakterienzelle: die infizierende DNS würde ihre genetische Spezifität alsbald verlieren und hätte keine Chance, als intakt gebliebene Matrize in einem Phagenteilchen der eigenen Nachkommenschaft wieder aufzutauchen. Es fällt schwer, zu glauben, die Natur ignoriere die dynamischen Möglichkeiten einer Sequenz so sehr, daß sie sie dazu herabwürdigt, als bloße schwerfällige Matrize zu fungieren.

Wie schwerfällig die DNS-Doppelspirale als Matrize tatsächlich ist, wurde erst nach und nach so recht klar[23]. Die Hauptschwierigkeit liegt darin, daß die Doppelspirale plektonemisch ist, die beiden sie bildenden Polynucleotidketten also nur durch Aufzwirbeln des ganzen, außerordentlich langen Fadens voneinander getrennt werden können. Eine Trennung ist aber für jeden Verdopplungsschritt erforderlich. Man muß daher allerhand verwegene Annahmen machen, um das Basenpaarungsprinzip überhaupt für die identische Reduplikation ausnützen zu können — etwa die, daß irgendein Zellmechanismus den zu verdoppelnden DNS-Faden in rasche Umdrehung um seine Längsachse versetzt (LEVINTHAL et al.[20]). Wegen seiner großen Länge und Windungszahl gelangt man bei Berücksichtigung der Synthesegeschwindigkeit aber leicht zur Postulierung von Tourenzahlen, die nur bei Ultrazentrifugen nicht grotesk anmuten würden. Solche und ähnliche kleine Schönheitsfehler übergeht man gern, wie auch z. B. den, daß ein geometrischer Vermehrungsmechanismus der DNS bei unzweifelhaft arithmetischem Nucleotidnachschub sehr bald zur Anhäufung großer Mengen von DNS-Molekülen führen müßte, die ihre Verdoppelung noch nicht beendet und auch eine zunehmend geringere Aussicht haben, damit je zu Ende zu kommen. Nimmt man noch hinzu, daß das Watson-Crick-Modell, als Matrize gehandhabt, die Erklärung der Rekombinantenentstehung und anderer Phänomene der Phagengenetik teils außerordentlich erschwert, teils bisher geradezu unmöglich gemacht hat, so fällt es nicht leicht, die Matrizenhypothese weiterhin mit Optimismus zu betrachten.

Aber man kann ja experimentell prüfen, was eigentlich aus der infizierenden Phagen-DNS wird, und aus den Ergebnissen schließen, ob sie in der Wirtszelle in jeder Beziehung so behandelt wird wie die neusynthetisierte DNS der prospektiven Nachkommenschaft oder nicht. Die Matrizenhypothese muß fordern, daß ersteres der Fall ist. Als experimentelle Technik bietet sich die Verwendung von Isotopen ganz von selbst an.

Zunächst prüfte man, wieviel isotopenmarkierte Materie der infizierenden Phagen-DNS in der Nachkommenschaft wieder auftaucht, und fand nur die Hälfte wieder. Dies ist aber noch nicht beunruhigend, denn sorgfältige Studien ergaben schließlich, daß der Verlust unspezifischer Natur ist und sich aus mehreren experimentell bedingten und nachweisbaren Teilverlusten zusammensetzt. Der Transfer ist also im Prinzip hundertprozentig (HERSHEY et al.[21]).

Der nächste Schritt galt der Frage nach der Verteilung der transferierten DNS-Materie auf die Nachkommenschaft. Der eleganteste, weil direkteste Weg zu ihrer Prüfung wurde von LEVINTHAL[22] beschritten. Er machte quantitative Autoradiogramme von ^{32}P-markierten Phagenteilchen und ihrer Nachkommenschaft über zwei Vermehrungsrunden hinweg und schloß aus seinen Ergebnissen, daß 40% der DNS eines Elternteilchens in Form von zwei zusammenhängenden Stücken in je einem, zusammen also zwei Phagenteilchen der Tochtergeneration wieder auftauchen. Benutzt man die Teilchen der Tochtergeneration zur Erzeugung einer Enkelgeneration, dann werden die 20%-Stücke nicht abermals unterteilt, sondern finden sich in gleicher Größe in einer entsprechenden Anzahl von Phagenteilchen der Enkelgeneration wieder. Ferner glaubte LEVINTHAL feststellen zu können, daß in jedem Phagenteilchen zwei Arten von DNS enthalten sind, nämlich 40% in Form eines hochpolymeren, zusammenhängenden Stückes und 60% in Form sehr viel kürzerer Polynucleotidstücke. Die durch das Watson-Crick-Modell inspirierte Erklärung aller dieser Befunde ist natürlich die, daß nur das 40%-Stück genetische Spezifität besitzt und eine Doppelspirale darstellt, deren zwei komplementäre Polynucleotidketten beim Reduplikationsprozeß programmgemäß voneinander getrennt werden, wobei sich jede eine neue Partnerkette zulegt, fürder aber ungeteilt durch die Generationen wandert.

Vielleicht ist das letzte Wort über die Levinthalschen Befunde und ihre Deutung noch nicht gesprochen. Es darf aber nicht unerwähnt bleiben, daß STENT[23] auf einem ganz anderen Wege zu ähnlichen Ergebnissen kam. Er markierte die DNS von Phagenteilchen sehr hoch mit ^{32}P und benutzte sie dann zur Erzeugung einer Tochtergeneration, und einen Teil von dieser sofort zur Herstellung einer Enkelgeneration. Der Rest der Tochtergeneration sowie die Enkelgeneration wurden im Eisschrank aufgehoben. Falls nun jeweils nur wenige Teilchen der Tochter- und der Enkelgeneration große Stücke elterlicher DNS, also viel ^{32}P abbekommen hatten, die große Mehrheit ihrer Geschwisterteilchen aber nur wenig, dann mußte sich dies durch sekundäre, quantitative Transferexperimente nachweisen lassen. Denn stark mit

^{32}P-markierte Phagenteilchen werden durch ihre eigene Radioaktivität rasch inaktiv, d. h. vermehrungsunfähig, und können dann natürlich auch ihren radioaktiven Phosphor nicht mehr weiter übertragen. Es wurden also den beiden aufbewahrten, radioaktiven Phagensuspensionen täglich Proben entnommen, um damit eine neue Enkel- bzw. eine Urenkelgeneration zu erzeugen und zu prüfen, wieviel Radioaktivität auf diese noch übertragen wurde. Das Ergebnis war, daß die transferierte Menge in beiden Fällen zunächst in wenigen Tagen von den üblichen 50% auf 25% absank, dann aber konstant wurde und blieb (Abb. 4). Offenbar hatten also nur wenige Teilchen der Tochtergeneration relativ umfangreiche Anteile (10—20%) elterlicher DNS mitbekommen, während der Rest in so kleinen Portionen auf die übrigen Teilchen gelangte, daß ihre Stabilität nicht mehr gefährdet wurde. Für sich allein wäre dieses erste Teilresultat natürlich auch mit der Annahme völliger Zerschlagung der elterlichen DNS und Rein

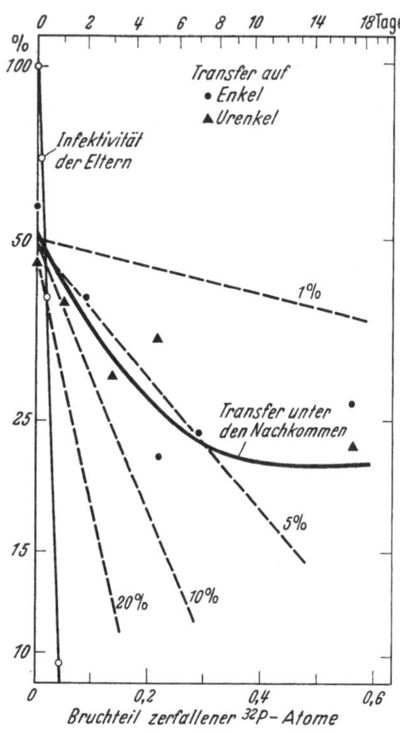

Abb. 4. ^{32}P-Transfer einer T 2-Tochtergeneration auf die Enkelgeneration und einer T 2-Enkelgeneration auf die Urenkelgeneration, in Abhängigkeit vom ^{32}P-Zerfall. Nach STENT[23]

korporierung der unspezifischen Bruchstücke zu vereinbaren, weil die ersten neusynthetisierten DNS-Moleküle hiervon sicherlich viel mehr abbekämen als alle später fertigwerdenden. Dann müßte sich aber das Verhältnis von großen zu kleinen Portionen elterlicher DNS beim Übergang von der Tochter- auf die Enkelgeneration weiter zuungunsten der großen ändern. Dies ist jedoch offensichtlich nicht der Fall, wie das zweite Teilresultat zeigt. Die großen Portionen der Tochtergeneration tauchen in der Enkelgeneration anscheinend als zusammenhängende Stücke unverkürzt wieder auf, was eben auch LEVINTHAL fand.

Gibt es also wirklich zwei verschiedene Arten von DNS im Phagenteilchen, dann fragt man sofort, welche Funktionen ihnen zukommen. Dem Watson-Crick-Modell vertrauend, würde man ohne Zögern darauf wetten, daß die großen Stücke Träger der gesamten genetischen Spezifität des Phagenteilchens sind. Dies läßt sich experimentell prüfen. STENT[23] infizierte Bakterienzellen mit je einem T 2 $hr_1r_7{}^+m^+$-Teilchen, das sehr stark mit ^{32}P markiert war, und außerdem mit je 10 T 2 $h^+r_1{}^+r_7m$-Teilchen, die keinen radioaktiven Phosphor enthielten. Die genetischen loci h, r_1, r_7 und m sind so ausgesucht, daß sie möglichst die ganze bekannte Genkarte von T 2 erfassen. Sie zeigen also nur geringen Kopplungsgrad untereinander. Die Nachkommenschaft dieser sowohl in bezug auf die relative Zahl der Elternteilchen als auch in bezug auf die radioaktive Markierung unsymmetrischen Kreuzung enthält dann, wie zu erwarten, nur sehr wenige Teilchen vom (radioaktiven) Elterntyp T 2 $hr_1r_7{}^+m^+$, der gegenüber dem andern Elterntyp stark in der Minderzahl war. Der Grund dafür liegt darin, daß dieser Genotyp unter den gegebenen Umständen eine große Chance hat, durch Rekombination mit dem überzähligen anderen Elterntyp eliminiert zu werden. Fast alle Teilchen, die dieser Eliminierung entgehen und mit unverändertem Genotyp in der Nachkommenschaft wieder auftauchen, sollten also, falls es ein DNS-Stück gäbe, das unzerteilt transferiert wird und alle genetischen loci enthält, dieses Stück direkt vom entsprechenden Elterntyp übernommen haben, und sie sollten daher fast alle hoch radioaktiv sein. Es war aber keine Spur von Spontaninaktivierung dieses Teilchentyps in der Nachkommenschaft zu entdecken, sie enthielten also sämtlich keine merklichen Mengen ^{32}P, und die als großes Stück transferierte DNS-Komponente kann daher nicht Träger aller genetischen Spezifität sein.

Somit ist es recht wahrscheinlich, daß genetische Information in dem DNS-Anteil steckt, der in der Nachkommenschaft in Gestalt kleiner und kleinster Bruchstücke wiedererscheint. Was wird bei dieser Fragmentierung aber aus der genetischen Information ? Eine besonders interessante und schon früher angedeutete Möglichkeit wäre die, daß die Information, die der Zelle die Herstellung neuer Phagenteilchen ermöglicht, der infizierenden DNS

alsbald durch einen Abbauprozeß entnommen und in Gestalt ganz
anderer, synchron damit aufgebauter chemischer Strukturen bewahrt würde. Hierfür gibt es tatsächlich schon seit längerem
deutliche Anhaltspunkte. STENT[24] infizierte stark ^{32}P-haltige
Zellen mit ebenso markierten Phagenteilchen in Nährmedium von
entsprechend hohem ^{32}P-Gehalt und fror Proben der infizierten Zellen sofort nach der Infektion sowie in regelmäßigen Zeitabständen danach mit flüssigem Stickstoff ein. In den Zellen der einzelnen Proben war der Phagenvermehrungsprozeß also verschieden weit fortgeschritten, bis alle biochemischen Prozesse durch das Einfrieren angehalten wurden. Der ^{32}P-Zerfall aber ging unterdessen weiter. Von den gefroren gehaltenen Proben wurden alsdann Tag für Tag Teilmengen wieder aufgetaut und die Zahl der infizierten Zellen bestimmt, die noch Phagen herstellen konnten. Abb. 5 zeigt das Ergebnis. Sofort nach der Infektion

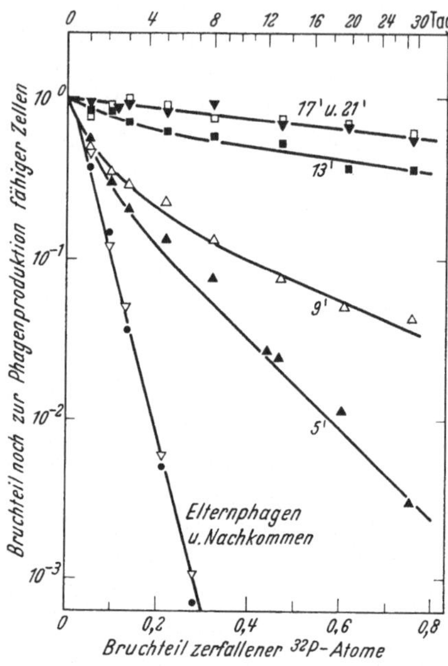

Abb. 5. Fortschreitende Stabilisierung T 2-infizier-
ter Zellen gegenüber ^{32}P-Zerfall, nach STENT[24].
Die Minutenangaben an den Kurven entsprechen
der Zeit, die zwischen Infektion und Einfrieren
verstrich. Weitere Erklärungen im Text

verlieren eingefrorene Zellen die Fähigkeit, Phagen zu machen,
mit der gleichen Geschwindigkeit, mit der freie Phagen von entsprechend hoher spezifischer Radioaktivität durch den Zerfall des
eingebauten ^{32}P inaktiviert werden. Je länger aber mit dem Einfrieren gewartet wird, je weiter also der Vermehrungsprozeß
fortschreitet, um so unempfindlicher werden die Zellen gegen den
^{32}P-Zerfall, bis sie, wenn etwa die Hälfte der Latenzzeit vorbei ist,
ganz stabil geworden sind. Die Stabilität kann nicht bedingt sein
durch die zunehmende Anzahl mittlerweile hergestellter Kopien der
infizierenden DNS, denn die Kopien sind unter den Bedingungen

des Experiments selbstverständlich genauso stark radioaktiv wie die infizierende DNS. Deren Information wird also vermutlich dadurch stabilisiert worden sein, daß sie sehr rasch auf praktisch phosphorfreie Strukturen übertragen wurde, d. h. wahrscheinlich auf Protein.

Diese Deutung ruft sofort die schon besprochene Tatsache ins Gedächtnis, daß eine der DNS-Synthese voraufgehende Protein-synthese unerläßlich ist. Es gibt leider noch keine direkten Beweise dafür, daß gerade dieses Initialprotein wirklich *alle* Infor-mation von der infizierenden DNS übernommen hat. Allerdings konnten Tomizawa und Sunakawa[14] zeigen, daß infizierte Zellen, die unter Chloramphenicoleinfluß nur Phagen-DNS synthetisieren, die sich zunehmend anhäuft, dadurch nicht zunehmend resistenter gegen UV-Bestrahlung werden. Andererseits sind aber infizierte Zellen, in denen sich die Phagenvermehrung ungestört abspielt, gegen Ende der Eklipse außerordentlich unempfindlich gegenüber UV. Delbrück und Stent[23] sehen hierin einen weiteren Hinweis darauf, daß zu dieser Zeit ein Protein auftritt, das die Resynthese spezifischer DNS dirigiert. Dieser Schluß ist jedoch nicht sehr überzeugend, denn zu einer Zeit, wo unter Chloramphenicol bereits große Mengen DNS synthetisiert werden können, ist das Stabilisierungsmaximum ja eben *noch nicht* erreicht. Womöglich liegen die Dinge sehr viel komplizierter als man annimmt. Viel-leicht birgt das Initialprotein nur die Information darüber, wie die neu zu synthetisierende DNS auszusehen hat, während maximale Stabilisierung gegen ^{32}P-Zerfall und UV erst dann erreicht wird, wenn die infizierende DNS in einem länger dauernden Prozeß auch noch ihre Information über die herzustellenden Teilchenproteine hergegeben hat, und die dafür benötigten Ap-paraturen vollständig aufgebaut sind. Sie scheinen tatsächlich erst gegen Ende der Eklipse fertig zu sein. Daraus könnten sich unter Umständen zwei merkwürdige Konsequenzen ergeben. Erstens würde zu erwägen sein, ob dann also *ein Teil* der Phagen-DNS die Information über die Konfiguration der *gesamten* DNS enthalten kann, und zweitens würde, wenn das richtig ist, der infizierten Zelle offensichtlich nichts von der Information zur Ver-fügung stehen, die in Gestalt der schon frühzeitig resynthetisierten DNS bereits wieder komplett im alten Gewande vorliegt. Ließe sich das direkt beweisen, so wäre damit endgültig klar, daß die infizierende Nucleinsäure in der Zelle vollkommen anders behandelt wird als ihre Kopien — was das Watson-Crick-Modell nicht zuläßt.

Literatur

[1] HERSHEY, A. D., and M. CHASE: J. gen. Physiol. **36**, 39—56 (1952).

[2] HERSHEY, A. D.: Virology **1**, 108—127 (1955).

[3] FRASER, D., H. R. MAHLER, A. L. SHUG and A. THOMAS: Proc. nat. Acad. Sci. (Wash.) **43**, 939—947 (1957).

[4] SPIZIZEN, J.: Proc. nat. Acad. Sci. (Wash.) **43**, 694—701 (1957).

[5] STREISINGER, G.: Virology **2**, 377—387 (1956).

[6] STREISINGER, G.: Zit. nach BENZER, in "The Chemical Basis of Heredity". Baltimore: Johns Hopkins Press 1957.

[7] BENZER, S.: Proc. nat. Acad. Sci. (Wash.) **41**, 344—354 (1955).

[8] WATSON, J. D., and F. H. C. CRICK: Cold Spr. Harb. Symp. quant. Biol. **18**, 123—131 (1953).

[9] HERSHEY, A. D., J. DIXON and M. CHASE: J. gen. Physiol. **36**, 777—789 (1953).

[10] DOERMANN, A. H., and M. B. HILL: Genetics **38**, 79—90 (1953).

[11] STREISINGER, G., and V. BRUCE: Zit. nach BENZER, s. unter [7].

[12] VISCONTI, N., and M. DELBRÜCK: Genetics **38**, 5—33 (1953).

[13] MELECHEN, N.: Genetics **40**, 584 (1955).

[14] TOMIZAWA, J., and S. SUNAKAWA: J. gen. Physiol. **39**, 553—565 (1956).

[15] HERSHEY, A. D., and N. MELECHEN: Virology **3**, 207—236 (1957).

[16] BURTON, K.: Biochem. J. **61**, 473—483 (1955).

[17] WATANABE, I.: J. gen. Physiol. **40**, 521—531 (1957).

[18] STREISINGER, G.: Virology **2**, 388—398 (1956).

[19] BRENNER, S.: Virology **3**, 560—574 (1957).

[20] LEVINTHAL, C., and H. R. CRANE: Proc. nat. Acad. Sci. (Wash.) **42**, 436—438 (1956).

[21] HERSHEY, A. D., and E. BURGI: Cold Spr. Harb. Symp. quant. Biol. **21**, 91—101 (1956).

[22] LEVINTHAL, C.: Proc. nat. Acad. Sci. (Wash.) **42**, 394—404 (1956).

[23] DELBRÜCK, M., and G. S. STENT: In The Chemical Basis of Heredity. Baltimore: Johns Hopkins Press 1957.

[24] STENT, G. S.: J. gen. Physiol. **38**, 853—865 (1955).

[25] KOZLOFF, L. M., M. LUTE and K. HENDERSON: J. biol. Chem. **228**, 511 bis 528 (1957).

Diskussion

Diskussionsleiter: Prof. KUHN, *Heidelberg*

KUHN (Heidelberg): Es zeigt sich immer mehr, daß — ähnlich wie auf vielen Gebieten der Physik — das Vorantreiben dessen, was wir das Auflösungsvermögen nennen, auch in der genetischen Forschung das allerwichtigste zu sein scheint. Darf ich nun fragen, wer das Wort zur Diskussion wünscht?

Damit die anderen etwas Zeit gewinnen, möchte ich zunächst etwas fragen: Ganz zu Anfang des Vortrages erwähnten Sie, daß man mit der

Desoxyribonucleinsäure, wie sie durch osmotische Behandlung, Schock usw. aus dem Phagen herauskommt, nicht in der Lage ist, die Produktion neuer Phagenteilchen anzuregen. Sie hatten erwähnt, daß die DNS noch 3% Protein enthalte. Es ist denkbar, daß diese geringe Proteinmenge doch in einer spezifischen Weise von der DNS gebunden sein könnte. Das hieße, daß hier ein Eiweiß als prosthetische Gruppe auftreten würde. Wir sind sonst gewohnt, mit großen Eiweißmolekülen zu rechnen, an denen ganz kleine prosthetische Gruppen anderer Art sitzen. Oder denken Sie daran, daß möglicherweise von den anderen Partien des Phagen, die beim Vorgang der Injektion ja auch mit dem Bacterium in Berührung kommen, in ihrer Wirkung unbekannte Proteine mit im Spiel sein könnten?

WEIDEL (Tübingen): Native Phagennucleinsäure, wie sie aus dem geschockten Phagenteilchen austritt, hat offensichtlich andere Eigenschaften als die gleiche Nucleinsäure in reiner, vor allem von Proteinbeimengungen befreiter Form. Unmittelbar nach dem Schock ist nämlich die so erhaltene Rohlösung von Phagen-DNS außerordentlich viscös. Wenn man dann mit bekannten schonenden Methoden entproteinisiert, erhält man eine Lösung von wesentlich geringerer Viscosität. Vielleicht ist dies ein Anzeichen dafür, daß native Phagen-DNS aus sehr langen Strängen besteht, die durch Aneinanderreihung mehrerer relativ kurzer Polynucleotidketten mit Hilfe kleiner Zwischenglieder aus Protein zustande kommen. Wenn man das Protein entfernt, dann lösen sich die zusammengehörigen Polynucleotidketten voneinander, die Viscosität sinkt, und man hat nun außerdem nur noch geringe Chancen, einzelne Zellen mit allen, ein komplettes Phagengenom ausmachenden Polynucleotidketten zu versorgen, d. h. sie mit einer solchen DNS-Lösung wirksam zu infizieren.

KUHN: Jeder, der rein präparativ denkt, muß sich ja sagen, daß so ein Phage wohl das idealste Ausgangsmaterial ist, um eine derartige Substanz in möglichst unverändertem Zustand gewinnen zu können. Man braucht ihm nur den Bauch aufzuschlitzen, rein mechanisch, ohne daß überhaupt osmotische Einflüsse usw. notwendig wären, die ja unter Umständen auch zu einer Dissoziation führen können. Aber so rein mechanisch läßt sich das bis jetzt wohl noch nicht machen.

WEIDEL: Man kann Receptorsubstanzen benutzen, um die Nucleinsäure auf die natürlichste Weise, die man sich denken kann, in Freiheit zu setzen.

KUHN: Und ist sie dann so hoch viscös?

WEIDEL: Ja, sie ist hoch viscös. Aber leider geht dieses Verfahren mit dem Typ T 2 noch nicht gut genug, weil dessen Receptorensubstanz bisher nicht in reiner Form verfügbar ist. Für T 5 sind die nötigen Vorbedingungen gegeben, aber — da es sich hier um einen ganz anderen Phagentyp handelt — sind unmittelbare Vergleiche mit T 2 noch nicht möglich.

WITZEL (Marburg): Wenn man die Matrizen doch weitgehend auf die Basensequenzen zurückführen will, dann möchte ich gern fragen, wie man sich jetzt chemisch konkret die Beziehung zwischen der Aminosäure und diesen Basen vorstellen kann, ohne daß dabei an den empfindlichen Wasserstoffbrücken der DNS etwas geändert wird.

Weidel: Es ist nicht allzu schwierig, entsprechende Modelle zu entwickeln, sich z. B. vorzustellen, daß in bestimmte Nischen in der DNS-Doppelspirale nur ganz bestimmte Aminosäuren hineinpassen, wobei vorhandene Wasserstoffbrücken nicht zwangsläufig zerstört werden müssen, ja sogar zusätzliche geknüpft werden können. Die Frage scheint nur, ob man mit der Matrizenhypothese überhaupt auf dem richtigen Wege ist.

Kuhn: Damit wir alle etwas bestimmtere Vorstellungen mit nach Hause nehmen, wie groß ist das Muton in Angström?

Weidel: Rechnet man nach Benzer etwa sieben aufeinanderfolgende Nucleotidpaare für den Umfang eines Mutons, und legt man der Berechnung das Watson-Crick-Modell zugrunde, in dem die Paare in Abständen von 3,4 Å aufeinanderfolgen, dann ergeben sich für die Länge des Mutons $7 \times 3{,}4 \approx 24$ Å, also nicht einmal eine volle Spiralwindung, deren Länge 34 Å beträgt.

Kuhn: Mit welcher Genauigkeit kann man das sagen?

Weidel: Die Röntgendaten der DNS-Struktur, insbesondere der Abstandsreflex von 3,4 Å, sind sehr genau, Benzers Annahmen hingegen, wie schon betont, vorerst nur recht grobe Abschätzungen.

Hoffmann (Heidelberg): Ich habe eine Frage zu dem sog. Initialprotein: Sie haben sich da auf Versuche berufen, die gezeigt haben, daß zunächst einmal eine Eiweißsynthese stattfinden muß, damit sich anschließend die Nucleinsäure bildet. Wenn man die Eiweißsynthese, z. B. durch Chloramphenicol, unterdrückt, dann bleibt die Nucleinsäuresynthese aus. Man könnte daraus schließen, daß dieses Eiweiß an der Synthese der Nucleinsäure unmittelbar beteiligt ist. Nun hat man aber solche Versuche zunächst mit T 2 gemacht, der ja eine ungewöhnliche Nucleinsäure hat, die anstelle von Cytosin Hydroxylmethylcytosin enthält. So viel ich weiß, sind in letzter Zeit entsprechende Versuche nun auch mit T 3 und mit Megatheriumphagen gemacht worden, die Cytosin, also normale Nucleinsäure, enthalten. Und da wird diese Chloramphenicolhemmbarkeit der Nucleinsäuresynthese nicht gefunden. Diese Autoren argumentieren daher, daß dieses Initialprotein gar nicht ein nucleinsäuresynthetisierendes Protein sei, sondern ein Protein, das diese ungewöhnliche Base, die im Bacterium nicht vorhanden ist, erst herstellen muß. Ist dieser Streit entschieden?

Weidel: Der Coli-Phage T 5 sowie Megatherium-Phagen benötigen ebenfalls die Synthese eines Initialproteins, obwohl ihre DNS frei ist von Oxymethylcytosin. Das Initialprotein kann also nicht ausschließlich mit der Synthese dieser Base in Verbindung gebracht werden.

Hoffmann: Aber T 3 braucht, glaube ich, kein Initialprotein?

Weidel: Hier besteht die Schwierigkeit, daß T 3 fast mit Sicherheit nicht alle Informationen über sich selbst enthält. Er rekombiniert nämlich mit dem Genom der Bakterienzelle. Da ist es also sehr gut möglich, daß hier bereits in der uninfizierten Zelle eine Art von Initialprotein da ist, so daß es nicht erst nach der Infektion neu synthetisiert werden muß. Dies ist so ein Fall zur Illustration dessen, was ich generell erwähnte. Man weiß niemals genau, wie groß die Spezifität des Beitrages der Wirtszelle bei der

Phagensynthese ist. Sie ist wahrscheinlich am geringsten bei den geradzahligen Phagen T 2, T 4, T 6, weil bei ihrer Vermehrung immer ein rascher Abbau der Zellnucleinsäure einsetzt, und weil sie diese merkwürdige, in der Zelle gar nicht vorkommende Nucleinsäure enthalten. Aber für die meisten anderen Phagentypen kann man sicher sein, daß einige ihrer Gene als Allele in den Zellgenomen enthalten sind.

HOFFMANN: Ich bin nicht ganz zufrieden. Wenn T 3 einen Teil seiner Informationen in der Bakterienzelle bereits vorfindet, müßte doch der Teil, den T 3 hineinbringt, eben vom Bacterium erst wieder redupliziert werden. Es müßte dafür auch ein Mechanismus geschaffen werden. Wenn dafür aber eine Proteinsynthese nicht notwendig ist, dann bleibt dieser Einwand, den ich gemacht habe, doch bestehen.

WEIDEL: Ja, das ist schon richtig, und nicht zuletzt deshalb sollte man sich überlegen, ob nun tatsächlich dieses Initialprotein das ganze Wissen, die ganze Information überhaupt enthalten kann. Gerade die Befunde von STENT zeigen, daß volle Stabilität ja erst erreicht ist, wenn schon große Mengen von Initialprotein und von neuer Phagen-DNS gebildet sind. Wenn die ganze Information, die kopiert werden soll, bereits in vielfacher Auflage in den unter Chloramphenicol neusynthetisierten DNS-Molekülen enthalten und hier auch jederzeit für die Zelle zugänglich wäre, dann müßte mit zunehmender Menge dieser Neuauflagen eine zunehmende Stabilisierung erfolgen. Da das aber nicht der Fall ist, enthalten diese DNS-Moleküle und damit auch das Initialprotein entweder noch nicht die gesamte Information, oder die Zelle kann sie aus den Kopien nicht mehr herausholen.

DECKER (Hannover): Ich möchte die Frage nach der phylogenetischen Herkunft der Phagen, und wie weit man von ihnen auf die Viren schließen kann, in diesem Zusammenhang aufwerfen: Die Phagen nehmen doch eine kompliziertere Zwischenstellung ein, weil sie nicht die ganze Information über sich selbst enthalten. Also ist der Phage teilweise er selbst, teilweise ein Teil des Wirts.

WEIDEL: Die Frage schien einer Lösung ziemlich nahe, so lange man nicht wußte, daß Bakterienzellen, die lysogen sind, die also Information über die Herstellung eines bestimmten Phagentypus in ihrem Genom enthalten, von diesem „Wissen" heilbar sind, durch erneute Infektion mit Phagen aber jederzeit wieder in den lysogenen Zustand zurückversetzt werden können. Da sich also herauszustellen scheint, daß Phagengenome niemals unentbehrliche Bestandteile von Bakteriengenomen, sondern diesen höchstens angegliedert sind und ohne Schaden für die Zelle wieder daraus entfernt werden können, entfallen alle direkten Anhaltspunkte für die anfänglich naheliegende Annahme, Phagen hätten sich aus abgesprengten Stücken von Bakteriengenomen über eine Reihe selbständiger Mutationsschritte zu dem entwickelt, was wir heute so nennen.

BIELIG (Heidelberg): Ich würde gern wissen, ob die Spezifität der Phagen gegenüber bestimmten Bakterien in der Membran dieser Bakterien lokalisiert ist. Und zwar frage ich aus dem Grunde, wenn man dann diese Membranen isolieren würde, dann sollte man eigentlich die Phagen dazu veranlassen, durch die Membran hindurchzuschießen, um auf diese Weise nur die Nucleinsäure noch mit der Membran zusammenzuhaben. Kann man nicht auf diese Weise die Nucleinsäure leichter gewinnen?

Weidel: Ich erwähnte schon, daß sich dies machen läßt, aber zur Gewinnung reiner Phagennucleinsäure sind solche Systeme aus praktischen Gründen oft nicht sehr geeignet.

Kuhn: Werden beim "phenotypic mixing" auch diese 3% Protein ausgewechselt, die vermutlich mit der Phagen-DNS assoziiert sind?

Weidel: Aus technischen Gründen gibt es einen exakten Nachweis für phenotypic mixing nur in bezug auf den Wirtsbereich. Dieser wird durch die Schwanzspitze des Phagenteilchens kontrolliert, also durch einen kleinen Anteil des gesamten Teilchenproteins. Ob mixing auch auftritt beim mengenmäßig viel mehr ins Gewicht fallenden Kopfprotein, das weiß man noch nicht, aber es ist anzunehmen.

Roka (Frankfurt/M.): Ich möchte gerade in diesem Zusammenhang fragen, ob man vielleicht serologische Unterschiede kennt zwischen dem Initial-Eiweiß und dem Eiweiß des Phagen, welches nachträglich gebildet wird.

Weidel: Es besteht keine serologische Verwandtschaft. Man kann das Initialprotein also mit Antiseren, die man mit Hilfe von kompletten Phagenteilchen gewonnen hat, nicht nachweisen.

Bücher (Marburg): Darf ich nur zu einer Vervollständigung meines Bildes von den Dingen eine Frage an Sie stellen, die nicht zur Phagengenetik selbst gehört? Sie kennen doch die schönen Versuche von Taylor sicher sehr viel besser als ich, der an Bohnen oder Erbsenwurzeln mit tritium-markiertem Thymidin die Chromosomen markiert hat. Und wenn ich mich richtig erinnere, dann ist es so, daß dort das Schicksal des tritiummarkierten Chromosoms an sich ganz dem entspricht, was man aus dem Watson-Crick-Modell erwarten sollte.

Weidel: Befunde, die man an Chromosomen erhebt, und das ist hier der Fall bei Taylors Untersuchungen, darf man nicht ohne weiteres übertragen auf einzelne Nucleinsäuremoleküle. Ein Chromosom ist kein DNS-Molekül, für das allein das Watson-Crick-Modell paßt. Ein Chromosom ist ein ganzes Bündel von solchen und anderen Molekülen, und wenn bei der Chromosomenverdopplung nur ein einziger DNS-Faden aus dem Bündel in chemische Umsetzungen einträte, während alle anderen inert bleiben, wären die wirklich verblüffenden Bilder von Taylor leicht erklärt. Seine Technik ist viel zu unempfindlich, um Fragen nach dem Schicksal einzelner DNS-Moleküle im Chromosom zu klären.

Bücher: Tritium hat ja den Vorteil, daß es nur ganz kleine Areale hat. Ist die Technik auch schon auf dem Phagengebiet angewendet worden?

Weidel: Nein.

Bücher: Aber die genetischen Definitionen, die Sie nun sehr klar auseinandergesetzt haben, die wollen Sie jetzt doch wohl übertragen auf das Ganze eines Chromosoms?

WEIDEL: Wahrscheinlich spielen Mechanismen, die die Phagengenetik aufgedeckt hat, überall eine wesentliche Rolle, nur ist es schwierig, ihren Ablauf in Superstrukturen von der Größe der Chromosomen nachzuweisen, die zudem ihre eigenen überlagernden genetischen Mechanismen entwickelt haben.

KUHN: Ich wollte noch folgendes fragen: Wenn man mit Tritium arbeitet, bekommt man den Wasserstoff der Hydroxylgruppen auch ersetzt?

WACKER (Berlin): Man kann praktisch beim Pyrimidin nur ein Wasserstoffaxiom durch Tritium stabil ersetzen.

KUHN: Ich danke Ihnen nochmal herzlich, Herr WEIDEL, für diesen schönen Vortrag, aber ich schließe nicht die Tagung, das liegt in Ihren Händen, Herr FELIX.

FELIX (Frankfurt/M.): Meine Damen und Herren, ich möchte den Vortragenden und auch allen Diskussionsrednern sehr herzlich danken. In diesem Colloquium haben wir besonders viel Neues gelernt, und, was wir am heutigen Tag gehört haben, ist fast in beunruhigender Weise zukunftsträchtig.

Genetische Kontrolle der Eiweißsynthese

Von

Jan Waldenström

Malmö/Schweden

Mit 2 Textabbildungen

Eigentlich ist es recht undankbar, ein Referat über das Thema „Klinik genbedingter Stoffwechsel- und Strukturanomalien" zu geben. Das Gebiet ist zu groß und die verschiedenen Zustände sehr wechselnd. Ich kann nur kurz prinzipiell wichtige grundlegende Tatsachen bringen und werde versuchen, hauptsächlich Beispiele aus Gebieten anzuführen, wo ich selbst einige Erfahrung habe. An Vollständigkeit ist gar nicht zu denken, und wenn manches etwas schematisch erscheint, muß ich betonen, daß ich absichtlich schematisieren wollte, um das Gemeinsame zu betonen, auch wenn man sich sagen muß, daß die Probleme in Wirklichkeit *vielleicht* viel komplizierter sein könnten. Ich betone das *vielleicht*, denn es hat sich oft herausgestellt, daß die Natur nach recht einfachen Grundlinien arbeitet! Sehr viele Ärzte haben wohl das Gefühl, daß bei nachgewiesener Erblichkeit einer Krankheit die Folgen gewissermaßen unabwendbar seien. Eine Nemesis, ein Fluch der Götter! Durch biochemische Analyse, klinische Beurteilung und genetische Zusammenstellung der Fälle hat man aber in letzter Zeit für viele dieser Krankheiten recht gute therapeutische Resultate gewonnen.

Unter den Erbkrankheiten gibt es eine große Reihe von Leiden, die vorwiegend den Stoffwechsel betreffen. Sie wurden von dem englischen Forscher A. E. Garrod[1] als "Inborn errors of metabolism" bezeichnet. Später hat man sie auch als chemische Mißbildungen gedeutet. Es gibt aber auch eine ganze Reihe von solchen, offenbar genetisch bedingten Störungen, wo man vielleicht zuerst eine Mißbildung der Form annehmen möchte. Die Forschungen des letzten Jahrzehntes haben ergeben, daß auch hier nicht selten eine chemische Veränderung die Grundlage ist. Darüber werde ich später sprechen.

Wenn wir versuchen, diese erblichen Krankheiten nach den in der klassischen Medizin wohlbekannten Gruppen einzuordnen, finden wir z. B. eine Reihe von typischen „Blutkrankheiten und Blutungsübeln (Hämophilie)“, deren Ursache der Mangel bestimmter Proteine: von Fibrinogen, von Prothrombin, von Gammaglobulin oder von Serumalbumin sein kann. Sogar erblicher Mangel an Katalase wurde beschrieben. Eine Reihe von Störungen der Hämoglobinbildung sowie die zwei Formen der Methämoglobinämie, verschiedene hämolytische Anämien, die erblichen Bilirubinämien sowie die Porphyrien gehören alle mehr oder weniger zu den klassischen „Blutkrankheiten“. Man könnte auch unter den Krankheiten der Nerven, der Muskeln, der Leber, der Nieren usw. entsprechende Beispiele anführen, wenn auch die Liste vielleicht nicht ganz so lang sein würde. Besonders wichtig sind die neuesten Erkenntnisse, daß nicht selten eine zuerst als Störung des intermediären Stoffwechsels gedeutete Krankheit eigentlich eine Störung der Nierenfunktion war. Mehrere Formen der Cystinurie, der Aminoacidurie u. a. gehören hierher. Auch manche endokrine Krankheiten sind genetisch bedingt. Dazu kommen noch alle die wirklichen Störungen des intermediären Stoffwechsels wie die schon von Garrod genannten: Alkaptonurie, Cystinurie, Pentosurie und viele andere, unter denen wohl die vom Norweger Fölling[2] entdeckte Idiotieform mit Ausscheidung von Phenylbrenztraubensäure im Harn die interessanteste ist.

Ich kann diese Aufzählung der verschiedensten Krankheiten nicht fortführen, möchte nur betonen, daß fast jedes Organsystem eine große Zahl von erblich bedingten Krankheiten zeigt. Für die Zukunft besonders wichtig erscheint mir die Tatsache, daß wahrscheinlich eine Reihe der sog. organischen Nervenkrankheiten, die Abiotrophien, eine metabolische Grundlage haben können. Daß dies von den Lipoidosen gilt, ist schon jetzt sicher. Aber auch die Huntingtonsche Chorea, die verschiedenen erblichen Ataxieformen sowie die sog. Muskeldystrophien gehören wohl hierher.

Im ersten Augenblick scheint es wohl etwas verwirrend, daß eine so große Menge von biochemisch und klinisch vollkommen verschiedenen Krankheiten genetisch bedingt sind und deshalb eine einheitliche Genese haben sollten. Es ist sehr verlockend, eine einheitliche Betrachtungsweise bei diesen Krankheiten zu finden. Am schönsten wäre es natürlich, wenn sie alle auf einen einheitlichen Mechanismus zurückgeführt werden könnten. Bis vor kurzem erschien es aber schwierig, eine Deutung völlig verschiedener Zustände wie die sog. Paulingschen Molekularkrankheiten[3] des Hämoglobins, Blutungsübel wie die Hämophilie, die Idiotieformen mit Störungen des Lipoid- und Aminosäurestoffwechsels usw. zu finden. Ich glaube aber, daß man sie jetzt alle einheitlich betrachten kann, und *zwar jede für sich als eine isolierte Störung einer*

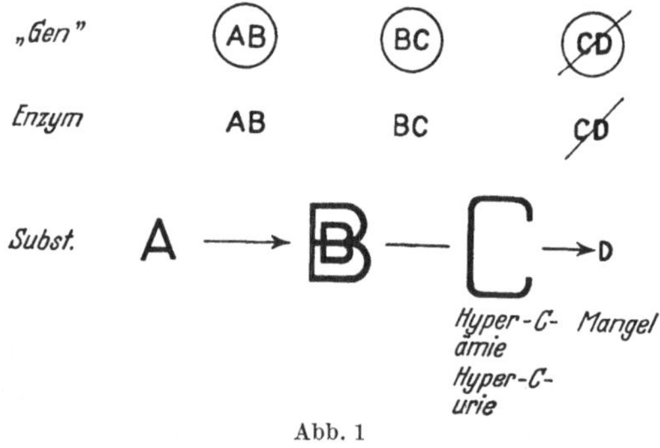

Abb. 1

Matrize bei der Bildung eines spezifischen Eiweißstoffes. Wenn dies richtig ist, könnte man sie alle als Molekularkrankheiten bezeichnen, und zwar als Molekularkrankheiten der Proteinbildung, die ihrerseits wahrscheinlich die Folgen einer gestörten Nucleinsäurestruktur sind. Durch ein einfaches Schema können fast alle diese Zustände dargestellt werden (Abb. 1). Der Stoffwechsel verläuft gleich einer Kette, wo ein Produkt in das nächste unter Vermittlung eines spezifischen Enzyms verwandelt wird. Der Stufe $A \to B$ entspricht das Ferment AB; $B \to C$ BC usw. Durch die bedeutenden Arbeiten von Beadle[4], Tatum und von vielen anderen wissen wir, daß die Hypothese „Ein Ferment, ein Gen" wohl im Prinzip als richtig zu betrachten ist! Im Schema sind die „Gene" als AB, BC usw. bezeichnet. Unsere chemischen Kenntnisse sind nicht ausreichend, um die Verhältnisse zwischen dem Träger der Erbanlage: „Gen" und der spezifischen Eiweißmatrize genau zu definieren. Hier wird uns wahrscheinlich die Nucleinsäurechemie weiterführen. Im Schema habe ich A und B gleich groß geschrieben, aber auch ein größeres B angedeutet. C ist dagegen bedeutend größer und D viel kleiner. Nach der Theorie würde nämlich eine Veränderung, eine Mutation im Gen CD eine Herabsetzung der Enzymfunktion CD bedeuten. Dadurch wäre der Verlauf von C bis D blockiert oder wenigstens erschwert. D wird vermindert gebildet, und C, das nicht abgebaut wird, sammelt sich in Blut (Hyper-C-ämie) und Geweben an und erscheint meistens im Harn (Hyper-C-urie). Eine C-Vergiftung oder ein D-Mangel können klinisch bedeutungsvoll werden. Offenbar erscheint manchmal auch die Stufe B in vermehrten Mengen und könnte dann auch toxisch wirken.

Es ist auffallend, wie gut fast alle genetisch bedingten Stoffwechselstörungen durch dieses einfache Schema erklärt werden können. Diese Betrachtungsweise ist aber nicht nur eine Hypothese geblieben. Wir wissen bei einer Reihe von Störungen, daß wirklich eine bestimmte wohldefinierte Enzymfunktion unzureichend ist. Einige Beispiele für solche bewiesenen Gen-Enzymrelationen beim Menschen müssen genügen. Wir kennen eine dominant vererbte Form der Methämoglobinämie, wo GIBSON Mangel an einer Reduktase in den Erythrocyten nachgewiesen hat. Bei der Hypophosphatasie, einem erblichen Knochenübel, fehlt die alkalische Phosphatase in Blut, Knochen und Niere. Dazu tritt im Harn eine organische Phosphorverbindung auf, die wahrscheinlich das normale Substrat der alkalischen Phosphatase ist. Bei der Glykogenspeicherkrankheit wurde von G. und C. CORI der Nachweis erbracht, daß die Glucose-1-Phosphatase-Funktion gestört ist.

Besonders wichtig sind natürlich solche Beispiele, wo in mehreren Geweben eine bestimmte Genfunktion beeinträchtigt ist. Es wurde mit Recht von DENT[5] behauptet: „Wenn die Krankheit durch Abnormität eines Gens verursacht wird, muß diese schon im Augenblicke der Konzeption vorhanden sein, schon lange, bevor die Organdifferenzierung eintritt. Jede Zelle ist somit gewissermaßen krank." Kennt man solche Zustände mit weit verbreiteten Defekten *eines* Enzyms? Das schönste Beispiel ist sicher die Galaktosämie. Diese recessiv vererbte Stoffwechselstörung verursacht beim Homozygoten eine schwere Krankheit, die offenbar durch Unverträglichkeit der Galaktose in der Milch verursacht wird. Ein besonderes Ferment, die Phosphogalaktoseuridyltransferase, ist offenbar notwendig für die Überführung von Galaktose in Glucose. Bei Störung dieser Enzymfunktion erscheint die

Galaktose unverändert im Harn, weil sie im Körper nicht mehr in Glucose umgewandelt werden kann. Diese starke Galaktosurie ist diagnostisch wichtig. Sie verursacht offenbar (kompetitiv ?) eine Störung der Rückresorption von vielen Aminosäuren in den Tubuli. Möglicherweise entsteht durch den Mangel bestimmter Aminosäuren eine Leberschädigung (Cirrhose) sowie Katarakt und schwere körperliche und geistige Entwicklungsstörung. Es hat sich jetzt herausgestellt, daß eine milchfreie Ernährung dieser Säuglinge ausgezeichnete Resultate hat. Offenbar ist irgendein Metabolit der Glucose — vielleicht das Glucose-6-Phosphat — toxisch. Zuerst wurde bei dieser Krankheit in den Erythrocyten ein Mangel an der Galaktosetransferasefunktion nachgewiesen. Später wurde derselbe Befund auch in der Leber (Galaktoseprobe bei Leberkrankheiten!) erhoben. Somit wäre dies eine Zellstörung und nicht eine Organstörung (vgl. übrigens die Hypophosphatasie).

Daß auch der Stoffwechsel eines einzelnen Organs durch Enzymdefekt leiden kann, wird durch einige Beispiele aus der Endokrinologie illustriert. Man kennt schon lange eigenartige Zustände, wo bei Knaben Pubertas praecox mit Addisonkrisen, bei Mädchen eine Virilisierung beobachtet wird. Hier liegt wahrscheinlich eine hereditäre metabolische Entgleisung in der NNR vor, die zum Ansteigen der Androgene führt. Eine solche genetisch-chemische Mißbildung fällt natürlich zuerst als Mißbildung der Form (Zwitter) auf. Dies zeigt, wie stark Morphologie und Biochemie sich gegenseitig beeinflussen.

In der Strumalehre hat man neulich einige hereditäre Formen abgegrenzt und sogar einmal den Mangel *einer* wohldefinierten Enzymfunktion als Grund angeführt. Von STANBURY, MACGIRR und QUERIDO wurde erbliche Hypothyreose mit Struma in einer Familie genauer analysiert. Man konnte nachweisen, daß im Strumagewebe eine Dehalogenase, die normal Mono- und Dijodthyrosin dejodiert, nicht wirksam war. Dadurch erklären die Autoren die unzureichende Thyroxinbildung mit „kompensatorischer" Hypertrophie.

Sehr wichtig erscheint mir die Entdeckung, daß bei gewissen Kranken offenbar nur eine *Schwäche* besonderer Enzymsysteme vorkommt, die erst bei Belastung Symptome ergibt. Eine solche erbliche Störung ist die Empfindlichkeit gegenüber dem bei Operationen jetzt viel verwendeten Succinylcholin. Hier liegt

offenbar eine herabgesetzte Wirkung der Pseudocholinesterase vor.
Es wird auch behauptet, und das ist wohl für die Hämatologie
sehr wichtig, daß es eine Empfindlichkeit gegen *Primaquin* gibt,
die bei Negern gefunden wird und als akute hämolytische Anämie
manifest wird. Hier soll eines der vielen glykolytischen Enzyme
defekt sein, und zwar die Glucose-6-phosphatdehydrogenase. Es
sollte vielleicht in diesem Zusammenhang auch erwähnt werden,
daß PRANKERD behauptet, bei dem hämolytischen Ikterus auch
einen Fermentdefekt und zwar in der Glykolyse gefunden zu haben.
Die formale Mißbildung, die Mikrosphärocytose, die schon von
NÄGELI als grundlegend bei dieser Krankheit aufgefaßt wurde,
wäre demnach durch eine chemische funktionelle Mißbildung zu
erklären.

Kehren wir aber zu der Frage zurück, ob auch bei anderen
Krankheiten die Schwäche eines Enzymsystems angenommen
werden kann, die dann durch exogene Schäden zum Vorschein
kommt. Damit bin ich am Hauptthema meines Vortrages an-
gekommen, und zwar bei den Porphyrien. Diese Gruppe von
Stoffwechselkrankheiten umfaßt, wie wir jetzt vor allem durch
Forschungen mit genetischer Methode wissen, eine Reihe von verschiedenen Krankheiten. Es ist durchaus falsch, wenn man von
verschiedenen Typen einer Porphyrie spricht, es handelt sich vielmehr, wie ich später ausführlicher darlegen möchte, um eine
Reihe ganz verschiedener Krankheiten, die aber alle als gemein-
sames Symptom eine Störung des Porphyrinstoffwechsels zeigen.

Praktisch am wichtigsten ist die akute Porphyrie. Es wurde
schon im Jahre 1937 von mir nachgewiesen[6], daß diese Krankheit
offenbar in Schweden nicht selten ist, daß sie dominant vererbt
wird und daß latente Träger der Anlage vorkommen. Bei den
latenten Trägern konnte das von VAHLQUIST und mir zuerst
studierte Porphobilinogen (PBG) spektroskopisch im Harn nachgewiesen werden. Trotzdem wiesen sie niemals Symptome der
Krankheit auf. Es wurden später in Schweden Fälle gefunden,
die einen schweren porphyrischen Anfall mit Koliken und Lähmungen sowie maximaler Ausscheidung von Porphobilinogen
durchgemacht hatten, wo aber im Harn mit den damaligen
Methoden sich kein PBG nachweisen ließ. Es war etwas über-
raschend, daß eine erbliche Krankheit des Stoffwechsels keine
Symptome von Seiten des Harnes hervorruft. Auffallenderweise

kommt die Krankheit fast nie bei Kindern vor, trotzdem sie doch dominant vererbt wird. Unter vielen schwedischen Fällen, bei denen das Manifestationsalter bekannt ist, waren nur wenige Kranke unter 15 Jahren. Wir haben aus der großen nordländischen Familie mit 150 Porphyrikern (die alle von einem gemeinsamen Stammvater, der im Jahre 1672 geboren ist, abstammen) eine Reihe von klinisch immer gesunden aber genetisch sicheren Trägern (Konduktoren) herausgesucht. B. HAEGER[7] hat bei diesen Konduktoren mit der Methode von MAUZERALL und GRANICK[8] vermehrt PBG nachgewiesen. Zu gleicher Zeit wurde auch Deltaaminolävulinsäure (ALS) bestimmt. Diese allein war niemals bei den jungen Kranken vermehrt. Die gleichen Bestimmungen wurden im Harn von 34 manifest Kranken ausgeführt. Hier war immer PBG oft mit ALS in vermehrter Menge vorhanden, dagegen nie ALS allein vermehrt. Auch die Harne der sieben Konduktoren zeigten alle einen pathologischen Befund. Die Verhältnisse sind wohl am ehesten so zu deuten, daß PBG mit C in dem Schema gleichzusetzen ist und ALS mit B. Ein Block nach C wäre demnach anzunehmen. Es ist wohl sicher, daß beim porphyrischen Anfall toxische Produkte entstehen, die für die Symptome verantwortlich sind. Seit der Arbeit von WALDENSTRÖM und WENDT[9] scheint es wenig wahrscheinlich, daß PBG selbst toxisch wirke. Dagegen ist es möglich, daß ALS oder andere Stoffwechselprodukte für die Lähmungen verantwortlich sind. Hier müssen weitere Forschungen eingesetzt werden.

Wenn ein Block nach dem Porphobilinogen bei der akuten Porphyrie anzunehmen sei, wäre dies als Schwäche des soeben von RIMINGTON[10] studierten Fermentes zu betrachten. Es wurde soeben erwähnt, daß man die *Primaquin*anämie der Neger als Schwäche eines Erythrocytenfermentes gedeutet hat. Es hat sich auch herausgestellt, daß Kranke mit Anlage für akute Porphyrie gegen Schlafmittel sehr empfindlich sind. Es wäre wohl möglich, daß unter gewöhnlichen Umständen die Fermente beim Anlageträger für akute Porphyrie suffizient sind und erst bei Vergiftung „dekompensiert" werden. Leider kann ich auf dieses ganze Problem nicht hier eingehen, möchte aber betonen, daß die akute Porphyrie in Schweden zu verschiedenen Perioden ganz verschiedene Prognose gehabt hat. In der 10-Jahresperiode 1927 bis 1937 starben in derselben Familie 22 Kranke an der Krankheit. In der nächsten aber nur 2 (diese wurden nicht vom Anfang an richtig erkannt und deshalb mit Schlafmittel behandelt). Es scheint mir sehr wahrscheinlich, daß diese Verbesserung der Prognose mit früherer Diagnose und Vermeidung von Schlafmitteln zusammenhängt. Auffallend ist aber, daß unter den vielen sicheren Trägern der Krankheit in alten Zeiten offenbar niemand an Symptomen, die als eine akute Porphyrie gedeutet werden können, gestorben ist. Auch haben sie meistens ein recht hohes Alter erreicht, was aber bei akuten Porphyrikern sonst selten ist. Somit ist es wahrscheinlich, daß die Krankheit drei prognostische Stadien durchgelaufen hat: 1. wenn die Kranken zu Hause ohne Schlafmittel geblieben sind und nicht starben, 2. Transport ins Krankenhaus, Operation, Schlafmittel, Exitus, 3. Transport ins Krankenhaus, richtige Diagnose und Behandlung, Genesung.

Auf dem folgenden Bild wird dargestellt (Abb. 2), wie man die verschiedenen Formen der Porphyrie durch Blockierung von gewissen Enzymen erklären könnte. Die durch ihre schweren Folgen wohlbekannte, aber äußerst seltene, sog. kongenitale Porphyrie wird offenbar recessiv vererbt. Hier erscheint schon von frühester Kindheit an Uroporphyrin gewöhnlich als Isomer I im Urin und Koproporphyrin I im Kot. Es wäre möglich, daß hier eine fehlerhafte Lenkung der Kondensation von vier Molekülen PBG zu Uroporphyrin I statt III die Krankheit erklärt. Bei dieser

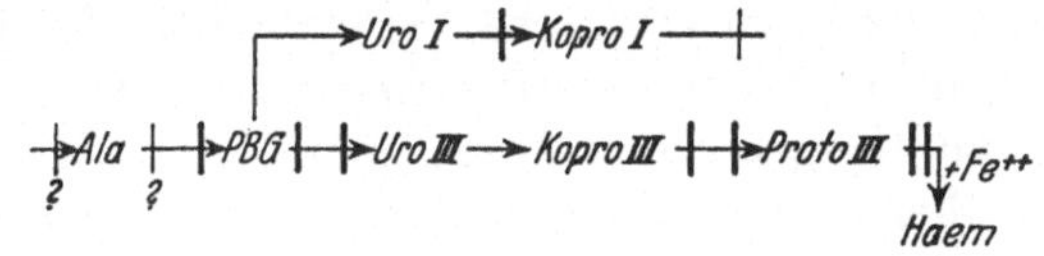

Abb. 2

Form kommt PBG im Harn nicht vor, was wohl zuerst von WALDENSTRÖM (1937) nachgewiesen wurde. Es ist eine echte *Porphyrie*, nicht wie die akute Porphyrie eine Störung des Pyrrolstoffwechsels.

Eine der wichtigsten Fragen bei der Diskussion dieser Krankheitsgruppe ist die folgende. Kann man sagen, daß die Manifestation der erblichen Anlage in derselben Familie immer konstant bleibt? Sind die Symptome also bei verschiedenen Trägern in derselben Familie sozusagen typentreu? Die ersten Berichte über solche Krankheiten ließen vermuten, daß bedeutende Variabilität

vorkommt. Solche Beispiele waren die Cystinurie, der hereditäre
Diabetes insipidus und die Porphyrien. Hier sprach man später
von verschiedenen Formen der Krankheit ohne den Beweis zu
erbringen, daß in jeder Familie die Manifestation immer gleich-
bleibt. Die Analyse dieser drei Zustände durch Dent und Harris
bzw. durch Hans Forssman und durch Waldenström haben
folgendes ergeben. Bei der Cystinurie handelt es sich offenbar
um eine Reihe von verschiedenen Störungen, die wohl eher als
Nierenkrankheiten aufzufassen sind und nicht als intermediäre
Stoffwechselleiden. Nur die Cystinose hat eine Sonder-
stellung. Durch genaue Analyse einer Reihe von schwedischen
Familien mit Diabetes insipidus konnte Forssman zeigen, daß
offenbar die genetisch bedingte Form eigentlich drei verschiedene
Mechanismen umfaßt: 1. Die dominante, autosomale, ADH-
sensible; 2. dieselbe Krankheit aber geschlechtsgebunden; 3. die
ADH-refraktäre Form, die jetzt als nephrogen bezeichnet wird und
geschlechtsgebunden vererbt wird. In jeder Familie kam nur
dieselbe Krankheit vor. Für die Porphyrien konnte Waldenström
zeigen, daß die akute Porphyrie, die in Schweden recht häufig
ist, immer ohne Lichtempfindlichkeit und mit Ausscheidung von
Porphobilinogen verläuft.

Eine andere Form von Porphyrie mit Porphyrinausscheidung
im Urin und hauptsächlich im Kot zeigt gewöhnlich chronische
Lichtempfindlichkeit, mechanische Verletzbarkeit der Haut und
bisweilen Koliken. Wenn schwere Abdominalanfälle auftreten,
kann PBG vorübergehend im Urin gefunden werden, schwere
Lähmungen können den Tod herbeiführen. Diese Krankheit ist
in Schweden äußerst selten. Sie wurde aber in Holland und
England mehrfach beobachtet und man hat eine dominante
Heredität vermutet. Diese Porphyrie kommt offenbar häufig in
Südafrika vor und wurde dort besonders von Dean studiert.

Es gibt noch eine weitere Porphyrinkrankheit, bei der Lichtempfindlichkeit spät auftritt aber das führende Symptom ist.
Zeichen der akuten Porphyrie sind nie vorhanden. Dagegen
werden Zeichen einer Lebercirrhose oft gefunden und man hat
geglaubt, daß Alkoholabusus ätiologisch eine Rolle spielt. Im
letzten Jahr haben wir Gelegenheit gehabt, einige solche Krank-
heitsfälle zu sehen. Es waren jedoch einige davon Alkoholiker.
Erblichkeitsstudien in diesen Familien werden wohl klarstellen, ob

der Alkohol nur bei genetisch besonders Veranlagten Porphyrie-
symptome hervorruft. Die andere Möglichkeit wäre, daß es sich
gar nicht um Porphyrie, sondern einfach um eine toxische Porphyrinurie handelt, also gewissermaßen eine Parallele zur Blei-
porphyrinurie.

Eine wichtige Beobachtung der letzten Jahre hat uns weiter
gezeigt, daß offenbar eine Porphyrinkrankheit ganz verschiedener
Genese vorkommt, bei der genetische Faktoren nicht von ursäch-
licher Bedeutung sind, wenn man den Zustand nicht als somatische
Mutation bezeichnen möchte.

Man glaubt, daß auch somatische Zellen irreversible Veränderungen eines besonderen Nucleinsäuremoleküls zeigen können,
die für die Synthese besonderer Stoffe maßgebend sind. Viele
Onkologen neigen dazu, die Tumorzelle als eine Art somatische
Mutation aufzufassen. Die hohe Frequenz im Auftreten von
leukämischen Zellen mit unbegrenztem Wachstum bei den Überlebenden von Hiroshima und Nagasaki ist wohl am ehesten als
strahlungsinduzierte Mutation zu erklären. Es gibt aber auch
eigenartige Krankheitszustände, wo eine Tumorbildung eine ganz
veränderte Lage des biochemischen Zustandes im kranken Organismus verursacht. Eine interessante Beobachtung und Analyse eines
diesbezüglichen Falles wurde von Tio in Zusammenarbeit mit
Rimington publiziert. Bei einer alten Frau entstanden Symptome
einer cutanen Porphyrie, die vorher nicht vorhanden waren. Es
wurde auch ein großer Lebertumor gefunden. Dieser wurde von
dem Chirurgen entfernt. Die genaue chemische Untersuchung
zeigte das Vorhandensein von sehr viel Uroporphyrin in dem
Tumor. Nach der Operation verschwand die Lichtsensibilität und
die Porphyrinurie! Offenbar war wohl eine somatische Mutation
der Leberzellen die Ursache dieses Hepatoms, in dem viel Uroporphyrin gebildet wurde, das die Lichtsensibilität der Kranken
verursachte. Ähnliche Fälle sind wohl selten aber von großem
Interesse. Hier wurde eine genetisch bedingte Porphyrie durch
Tumorzellen „nachgeahmt".

Wir haben kürzlich eine Kranke mit einem großen Ovarial-
teratom gesehen, bei der das Bild einer schweren Carcinoidose vorhanden war. Der Tumor wurde entfernt. Er enthielt viel Hydroxy-
tryptamin. Nach der Operation schwanden die Symptome der
Hydroxytryptaminvergiftung. Die wahrscheinlich metabolisch

bedingte Pellagra wurde zuerst mit Niazin geheilt und zeigte dann keinen Rückfall nach der Operation. Es ist offenbar so, daß nicht nur genetisch bedingte Veränderungen („Mutationen") besondere Störungen im Stoffwechsel hervorrufen. Auch tumorhaftes Wachstum („somatische Mutation") von gewissen Geweben kann die biochemische Homeostase stören.

Noch schwieriger zu deuten sind die sog. Phänokopien, wenn durch intrauterine Schäden Syndrome entstehen, die einer erblichen Krankheit gleichen. Solche Störungen wurden als selten betrachtet. In letzter Zeit weiß man aber mit Sicherheit, daß intrauterine Virosen bestimmte Typen von Mißbildungen hervorrufen können, und zwar entstehen gewisse Symptomkonstellationen immer zusammen. Die interessante Frage nach der Entstehung z. B. des Turnerschen Syndroms gehört sicher in dieses Gebiet. Diese Frage wird später erörtert werden. Bei vielen kongenitalen Mißbildungen ist es nicht leicht anzugeben, ob die Störung genetisch determiniert ist oder als Embryopathie, fetale Virose usw. zu deuten ist. Das Vorkommen von vielen Geschwistern mit Erythroblastose könnte zur Annahme einer erblichen Anlage Anlaß geben, die sich wie bei den anderen "inborn errors of metabolism" bemerkbar macht. Ein solcher Schluß ist aber, wie wir jetzt wissen, nicht berechtigt. Man muß deshalb bei der genetischen Deutung von familiär vorkommenden Krankheiten immer äußerst kritisch sein.

Der amerikanische physikalische Chemiker Pauling[3] hat den Begriff der Molekularkrankheit eingeführt. Er meint damit, daß gewisse Krankheiten darauf beruhen, daß besondere Moleküle „krank", entartet oder mißgebildet sind. Als Beispiel dafür gelten vor allem die Hämoglobinopathien, wo im roten Blutkörperchen nicht nur das normale Hämoglobin A, sondern dazu noch abnorme Hämoglobine vorkommen, z. B. Hämoglobin S (S für Sichelzellen). Es wurde vom Genetiker Neel die Vermutung ausgesprochen, daß bei der leichten Drepanocytose die Anlage heterozygot vorkäme, dagegen sei sie bei der wahren Sichelzellenanämie homozygot vorhanden. Die sehr wichtigen papierelektrophoretischen Studien auf diesem Gebiet haben ein solches numerisches „Maß" der Erblichkeitsanlage bestärkt. Es stimmt mit der Erwartung sehr gut überein, daß der homozygote Träger: SS etwa doppelt so viel S-Hämoglobin in seinen Erythrocyten hat als der heterozygote:

SA. Dagegen ist es schwerer zu erklären, daß im ersten Falle nur etwa 80% des Hämoglobins zu der S-Form gehört. Es liegt also keine ausschließliche Bildung von pathologischem Globin vor. Wie werden aber die übrigen 20% gebildet? Offenbar greift der Körper dann auf die Bildung eines primitiven fetalen Hämoglobins F zurück.

Wenn man den Begriff dieser Molekularkrankheiten weiter faßt, kann man natürlich von einer fehlerhaften — oder fehlenden — Bildung gewisser *Proteine* sprechen. Als Beispiele können z. B. Mangel an Antihämophilieglobulin (AHG) und PTC, Fibrinogen, γ-Globulin, Serumalbumin usw. genannt werden. Alle diese Stoffe sind Proteine, einige von ihnen können wohl mit Enzymen verglichen werden, andere, wie γ-Globulin und Serumalbumin, haben keinen Enzymcharakter. Die ursprüngliche Idee von BEADLE, daß jeder erblichen Stoffwechselstörung ein Mangel an *einem* spezifischen Enzym entspräche, die durch Veränderung *eines* Gens bedingt ist, muß also erweitert werden. Man kann wohl jetzt bestimmt behaupten, daß eine Störung der Proteinmatrizen als Grundlage mancher dieser Krankheiten zu betrachten ist. Da die Anwesenheit eines Enzymes hauptsächlich durch seine Wirkung kenntlich ist, ist es schwer zu entscheiden, ob ein gewisses Enzym überhaupt fehlt oder nur abnorm gebildet wurde. Man kann sich z. B. die "inborn errors of metabolism" entweder als fehlerhafte oder als fehlende Matrize der betreffenden Enzyms vorstellen. Dagegen fehlt offenbar die Grundlage für die Bildung von Fibrinogen, Serumalbumin und γ-Globulin bei den betreffenden Krankheiten, da diese Stoffe quantitativ bestimmt werden können.

Haben wir vielleicht irgendeinen Grund zur Annahme, daß gewisse Enzyme vorhanden sind, aber in mißgebildeter Form? Ein Beispiel von den Porphyrien könnte hier vielleicht angeführt werden. Bei der kongenitalen Porphyrie wird offenbar Uroporphyrin I in großen Mengen gebildet. Im normalen Körper ist wahrscheinlich ein Enzym vorhanden, daß die Kondensation der vier PBG-Moleküle in die Richtung Uro III leitet. Eine sterische Veränderung im Enzymmolekül wäre wohl als Erklärung für die Bildung von Porphyrinen Typ I denkbar. Dem würde also eine entsprechende sterische Veränderung der Matrize zugrunde liegen. Es könnte sich also möglicherweise um eine Mißbildung der Matrize handeln. Sehr interessant ist natürlich die Frage, ob neue

Matrizen auch durch somatische Mutation entstehen. Solche Fragen sind schwer zu entscheiden, da man natürlich unterscheiden muß zwischen *Verlust* eines Enzyms, das später in der metabolischen Sequenz liegt, oder *Vermehrung* der Matrizenfunktion für ein früheres annehmen muß. Es ist sicher, daß gewisse Tumoren Anlaß zu einer stark vermehrten Bildung von gewissen Stoffwechselprodukten geben (Carcinoide: 5-Hydroxytryptamin usw.; Phäochromocytome: Katecholamine; der interessante Fall von cutaner „Porphyrie" bei porpyrinproduzierendem Hepatom usw.).

Bei anderen Gelegenheiten habe ich die Frage aufgeworfen, ob man vielleicht gewisse Dysproteinämien als Matrizenkrankheiten oder Virosen betrachten sollte. Diese Hypothese wurde zuerst (1944) als Erklärungsversuch bei der Makroglobulinämie angeführt und die Parallele mit einem Virus, das die Eiweißsynthese des Wirtes in pathologische Bahnen lenkt, gezogen. Es scheint mir als ob somatische Mutationen in der Bildung von verschiedenen Serumglobulinen hypothetisch sehr wohl als Erklärung für sowohl Myelome wie Makroglobulinämien angeführt werden könnten. Diese Krankheiten wären demnach durch fehlerhafte Proteinmatrizen erklärbar. Es würde sich aber hier offenbar um somatische, nicht vererbbare, Matrizenkrankheiten handeln.

Noch eine weitere Störung des Proteinstoffwechsels wurde von uns in den letzten Jahren studiert. Ich habe mehrfach hervorgehoben, daß bei der sog. essentiellen Hyper-γ-Globulinämie ein an sich benignes aber unheilbares Krankheitsbild entsteht. Interessant ist dabei die Unheilbarkeit, d. h. die lebenslange Neigung zu vermehrter γ-Synthese. Man könnte versucht sein, eine Parallele mit der Immunität gegen Viruskrankheiten zu machen. Auch bei diesen Zuständen muß offenbar eine Matrize vorhanden sein, die die Bildung von spezifischen Antikörpern ermöglicht. Bei der essentiellen Hyper-γ-Globulinämie kommen wohl Matrizen vor, die eine übernormale γ-Synthese verursachen. Können jetzt diese Probleme klinisch angegriffen werden?

Wir haben versucht, Fälle mit sog. essentieller Hyper-γ-Globulinämie näher zu verfolgen und ihre hereditären Verhältnisse zu untersuchen (Leonhardt, 1958). Dabei wurde die wichtige Beobachtung gemacht, daß in gewissen Familien hohe γ-Werte offenbar häufiger sind. Das klinische Bild kann vollkommen normal bleiben, oder es entwickelt sich, offenbar gewöhnlich unter

Einfluß von exogenen Faktoren, ein schweres Krankheitsbild, das dem Lupus erythematodes diffusus entspricht. Die Kliniker haben lange gewußt, daß bei dieser Krankheit eine schwere Störung der Immunitätsvorgänge vorhanden sind. Viele Forscher glauben sogar, daß die ganze Krankheit durch Bildung von Autoantikörpern zu erklären sei. Man könnte sich somit eine Störung der Funktion bei den Matrizen, die für Antikörperbildung notwendig sind, vorstellen. Damit wäre aber auch die Fassung des Begriffes Matrizenkrankheit sehr weit geworden.

Es handelt sich bei diesen Krankheiten nicht mehr um eine Organpathologie, ja auch nicht um eine Humoralpathologie, sondern um eine funktionelle Pathologie, die man vielleicht Fundamentalpathologie nennen könnte, da sie die Fundamente des Lebens, die Matrizen für alle Stoffwechselprozesse behandelt.

Literatur

[1] GARROD, A. E.: Inborn errors of metabolism. 2nd ed. London: H. Frowde 1923.
[2] FÖLLING, A., O. L. MOHR and L. HUND: Norsk Akad. Vidensk. 13 (1954).
[3] PAULING, L.: Science 110, 543 (1949).
[4] BEADLE, G. W.: Chem. Rev. 37, 15 (1945).
[5] DENT, L. E.: Symposium on inborn errors. Amer. J. Med. 22 (1957).
[6] WALDENSTRÖM, J.: Acta med. scand. Suppl. 82 (1937).
[7] HAEGER, B.: Scand. J. clin. Lab. Invest. 9, 211 (1957).
[8] MAUZERALL, D., and S. GRANICK: J. biol. Chem. 219, 435 (1956).
[9] WALDENSTRÖM, J., u. S. WENDT: Z. physiol. Chem. 259, 157 (1939).

Diskussion

Diskussionsleiter: Prof. SCHÜTTE

BRAMSTEDT (Hamburg): Sie sagten, daß die Föllingsche Krankheit nicht ausbricht, wenn man rechtzeitig eine Diät gibt, die sehr wenig Phenylalanin enthält. Enthält diese Kost noch den bisher angegebenen Mindestbedarf an Phenylalanin?

WALDENSTRÖM: Ich kann die genauen Analysenzahlen der Kost leider nicht angeben.

DECKER (Hannover): Ein einzelner Block in einer Reaktionskette ist nicht unbedingt das einzige, was zu den beobachteten Stoffwechselstörungen führt, es scheint auch zu sekundären Störungen zu kommen. So wurde bei der Föllingschen Erkrankung beobachtet, daß auch Indolessigsäure stark vermehrt ausgeschieden wird, und man fragt sich, was hat die Indolessigsäureausscheidung mit dem Phenylalanin zu tun? Neuerdings kennt man noch eine zweite Erkrankung, nämlich die "Hartnup-Disease", bei der hauptsächlich der Stoffwechsel des Histidins betroffen ist, aber auch Indolessigsäure stark vermehrt ausgeschieden wird. Vielleicht kann man diese Nebeneffekte folgendermaßen deuten: Wenn Phenylalanin nicht auf normalem Wege über Tyrosin abgebaut werden kann, dann verfällt es dem unspezifischen Abbau in Richtung Phenylessigsäure. Hierzu werden wahrscheinlich adaptative Fermente gebildet. Solche adaptativen Fermente könnten nun geringere Substratspezifität besitzen und auch andere chemisch ähnliche Stoffe, etwa das Tryptophan, in einen ungewöhnlichen Abbauweg mit hineinreißen.

Nun habe ich noch eine Frage zur Porphyrie. STICH hat bei jungen Kaninchen durch Gabe von Schlafmitteln eine Porphyrie erzeugt, welche genau der akuten Porphyrie der Menschen zu entsprechen scheint, und zwar geht das nur bei jungen Kaninchen, und nur mit solchen Schlafmitteln, die eine Allylgruppe tragen und formal von einer Allyl-Alkyl-Essigsäure abzuleiten sind. Ich wollte fragen, ob bei Porphyrie auch Schlafmittel schädigend wirken, die keine Allylgruppe haben, also etwa Veronal, oder ob es sich hier auch nur um die allylhaltigen Schlafmittel handelt?

WALDENSTRÖM: Die Frage der toxischen Porphyrie kommt ja von dem Sulfonal- und Trionalgebrauch her, als man beobachtete, daß Geisteskranke, die mit großen Dosen von Sulfonal behandelt worden waren, manchmal solche Porphyrieanfälle hatten. Ich habe einen solchen Fall gesehen. Der Vater einer meiner Kranken wurde wegen einer Psychose ins Irrenhaus gebracht, wurde dort mit Trional behandelt und bekam einen schweren akuten Porphyrieanfall. Sulfonal und Trional sind beide keine Allyl-Derivate. Dann hat DUESBERG den ersten Sedormidfall publiziert, und dadurch ist STICH darauf gekommen, Sedormid zu probieren. E. FISCHER hat das Dimethylsulfon-dimethylmethan, also ein Sulfonal ohne Allylgruppe, syntethisiert, und das hat keine porphyrieerzeugenden Eigenschaften gehabt. Offenbar sind verschiedene Strukturen für die Wirksamkeit erforderlich.

DECKER: Es fällt auf, daß die Schlafmitteleigenschaft und die porphyrieerzeugende Eigenschaft hier über zwei chemisch recht unabhängige Gruppen parallelgeht.

WALDENSTRÖM: Darf ich nur noch ein Wort zu der Frage der Hartnup-Disease und der Phenylketonurie sagen. Ich möchte an das Auditorium die Gegenfrage richten, ist es sicher, daß wirklich alle diese Enzyme so spezifisch sind, wie man glaubt? Sie haben von Adaptation gesprochen, ist es ganz sicher, daß es eine Adaptation gibt? Kann es nicht so sein, daß, während das Angebot an einem Metaboliten sehr groß wird, dann doch ein anderes Enzym einspringen kann, das eine analoge Funktion hat? Bei dem Carcinoidtumor habe ich nämlich ganz dasselbe erlebt. Bei Fölling-Kranken kann man Phenylmilchsäure und alle möglichen anderen Phenylalaninabbauprodukte sehen und dazu analog die Abbaustufen auf der Indolseite. Kann es denn nicht sein, daß es dasselbe Enzym ist, das bei Angebot von sehr viel von einem anderen Stoff unspezifisch wirkt?

BUTENANDT: Herr DECKER hat an die Arbeiten von STICH erinnert, der mit Barbituraten Porphyrie an Kaninchen erzeugt hat. Sie sagten, daß hier offenbar gleiche oder ähnliche Verhältnisse vorliegen wie bei der akuten Porphyrie. Herr STICH hat gerade kürzlich mitgeteilt, daß doch interessante Unterschiede bestehen. So findet er nie Ausscheidung von Aminolävulinsäure, sondern ausschließlich von Porphobilinogen. Dieser Effekt beschränkt sich im wesentlichen auf eine Störung der Katalase-Synthese, nicht der gesamten Porphyrin-Synthese. Er nimmt an, daß innerhalb der Katalasesynthese ein eindeutiger Block hinter dem Porphobilinogen liegt.

WALDENSTRÖM: Wenn das zutrifft, ist unser Befund an bleivergifteten Kaninchen sehr auffällig. Dabei ist das Porphobilinogen wenig vermehrt, aber um so mehr die Aminolävulinsäure. Hier muß man also einen Block zwischen Koproporphyrin und Aminolävulinsäure annehmen. Es ist natürlich möglich, daß ein Schwermetall mehrere Enzyme vergiften kann.

BÜCHER (Marburg): Es sei mir gestattet, doch den Standpunkt der "over simplification" ein bißchen anzugreifen. Man weiß heute aus der Neurospora-Genetik, daß die Ein-Gen-Ein-Enzym-Theorie zum mindesten der Modifikation bedarf. Die Arbeiten von JANOWSKI über Tryptophandesmolase oder Tryptophansynthease haben gezeigt, daß man bei Mutanten, die keine Tryptophandesmolaseaktivität besitzen, bis jetzt schon 37 verschiedene Typen unterscheiden kann, und daß durch Mutationen an anderen Orten über Depressorgene dieses Enzym wieder erscheint, so daß man nicht mehr sagen darf, daß ein Enzym fehlt, wenn ein bestimmtes Gen gestört ist. Ich möchte fragen, ob es heute aus der Sicht des Klinikers an einer der vielen kongenitalen Störungen etwas gibt, daß diesen Aspekt zeigt. Daß etwa die Symptome von Familie zu Familie ganz verschieden sind, so daß man schließen kann, daß die Neurosporabefunde sich auf die Humangenetik übertragen lassen. So viel ich weiß, hat doch UDENFRIEND Enzym-Konzentrationsmessungen an Phenylketonurikern gemacht und gezeigt, daß die Phenylalaninoxydase, also jenes Ferment, daß das Phenylalanin in Tyrosin umwandelt, nicht quantitativ fehlt, sondern daß sie bei diesen Patienten nur um einen bestimmten Prozentsatz reduziert ist. Das zeigt doch, daß die Dinge nicht so einfach liegen, wie es die Ein-Gen-Ein-Enzym-Theorie, die ja an sich sehr einleuchtend ist, verlangt.

WALDENSTRÖM: Ich habe lange nach solchen Fällen gesucht, und wir haben dann geglaubt, daß die Hämophilie-Familie, von der ich gesprochen habe, eine solche Ausnahme wäre, wo man in derselben Familie alle Übergänge vom Schwerpathologischen zum Normalen finden kann. Aber es hat sich herausgestellt, daß dieser Befund ganz anders zu erklären ist, da das Fehlen des antihämophilen Globulins rein sekundär ist. KOLLER behauptet, es gebe eine leichte und eine schwere Form der Hämophilie A. Bei seinem großen Material kommen in einer Familie entweder immer nur schwere oder nur leichte Fälle vor. Das spricht aber gerade gegen die Neurospora-Befunde, bei denen sich ein Defekt sehr verschieden auswirken kann.

BUTENANDT: Die Ausführungen von Herrn BÜCHER veranlassen mich dazu, ein Wort zur Gen-Enzym-Hypothese zu sagen. Ich habe mich außerordentlich gefreut, wie vorsichtig der Herr Vortragende sich gerade darüber geäußert hat, denn er hat in keinem Satz gesagt, daß nach Mutation eines Gens ein Enzym ausfällt, sondern nur, daß eine Enzymwirkung blockiert sei. Und das läßt eben alle Deutungsmöglichkeiten zu, wie ja Herr Weidel und ich früher an unserem Beispiel der Ephestia-Drosophila-Genetik auch immer diskutiert haben. Eine Möglichkeit ist, daß das Enzym ganz ausfällt. Dann ist die zugehörige Matrize gar nicht vorhanden. Daneben gibt es die wahrscheinlich viel häufigere Möglichkeit, daß ein falsches Apoferment gebildet wird, dessen enzymatische Aktivität vermindert ist. Es gibt drittens die Möglichkeit, von der wir ja viele Beispiele haben, daß das Enzym durchaus normal gebaut wird und wirken kann, aber nicht zur Wirkung kommt, weil durch eine Störung des Stoffwechsels an anderer Stelle ein Inaktivator, ein hemmender oder um die Enzymwirkung mit dem Substrat konkurrierender Stoff entsteht. Ich glaube, diese drei Möglichkeiten, die nach den Neurospora-Veröffentlichungen diskutiert wurden, gelten heute wohl noch uneingeschränkt. Und Herrn Waldenströms Formulierung hat diese Möglichkeiten alle sehr schön umfaßt.

Kaudewitz (Tübingen): Ich möchte die Bemerkung von Herrn Prof. Butenandt ergänzen und auf die Behauptungen von Herrn Bücher etwas erwidern. Die Arbeiten von Herrn Janowski stützen gerade die Ein-Gen-Ein-Enzym-Hypothese. Er fand etwa 30 verschiedene Mangelmutanten, die alle den Schritt vom Indol zum Tryptophan nicht mehr durchführen können. In allen ist dasselbe Enzym blockiert. Er zeigte aber an einigen dieser Mutanten, daß wohl noch Enzymmoleküle — oder besser gesagt, Eiweißmoleküle, die von intakten funktionsfähigen Enzymmolekülen nicht zu unterscheiden sind — aufgebaut werden. Hier ist also die Matrize offensichtlich geringfügig verändert und daher das gebildete Eiweißmolekül nicht mehr im Sinne des Enzyms funktionsfähig. Außerdem sind diese rund 30 Mutanten nicht etwa Mutanten verschiedener Gene, sondern Mutanten der verschiedenen Pseudoallele desselben Gens. Dieser Fall ist also geradezu die Hauptstütze der Ein-Gen-Ein-Enzym-Hypothese und nicht etwa ihre Widerlegung.

Klingmüller (Hamburg): Bei einem etwa 40jährigen Patienten mit Hyperphosphatasämie fanden wir bei der potentiometrischen Analyse des Harns eine absolute Acidose; d. h., das p_H des Harns zeigte bei Belastung des Patienten mit Ammoniumchlorid nur sehr geringe Schwankungen. Der Zwillingsbruder des Patienten, der sich vollkommen gesund fühlte, bot dieselben Befunde. Außer unseren Nieren- und Harnanalysen waren bei den Zwillingen auch die Säurewerte im Blut, der P_{CO_2}, das p_H des Blutes und das Standard-Bicarbonat absolut gleich. Trotz gleicher objektiver Befunde, die für dieselbe genetische Anlage sprechen, war der eine Bruder gesund und der andere krank. Woran lag das? Die Zwillinge leben unter verschiedenen Umweltsbedingungen. Der subjektiv gesunde ist in einer Brauerei tätig und trinkt täglich $1^1/_2$ l Bier. Große Unterschiede in der Lebensführung ändern also die familär gleichen Anlagen und können zu deutlichen Unterschieden in der Symptomatik führen.

FINK (Köln): Ist die Ochronose der Schlachttiere auch eine derartige Matrizenkrankheit? Die Ochronose der Schlachttiere tritt bei Rindern auf, ohne daß sie Schlafmittel bekommen. Man bemerkt sie erst nach dem Schlachten an den schokoladebraunen Knochen.

WALDENSTRÖM: Es gibt jetzt auch „lebende" Ochronose-Tiere. In Südafrika soll eine Rinderrasse vorkommen, bei der die Ochronose ein recessives Leiden ist. In Dänemark soll eine Ochronose-Schweinefamilie leben, bei der die Erkrankung ebenfalls recessiv zu sein scheint. Es treten dabei ähnliche Symptome wie bei der kongenitalen Porphyrie auf.

Berichtigung

Die Abbildung 12 auf Seite 117 und die Abbildung 15 auf Seite 121 erhalten noch nachfolgende Erläuterung:

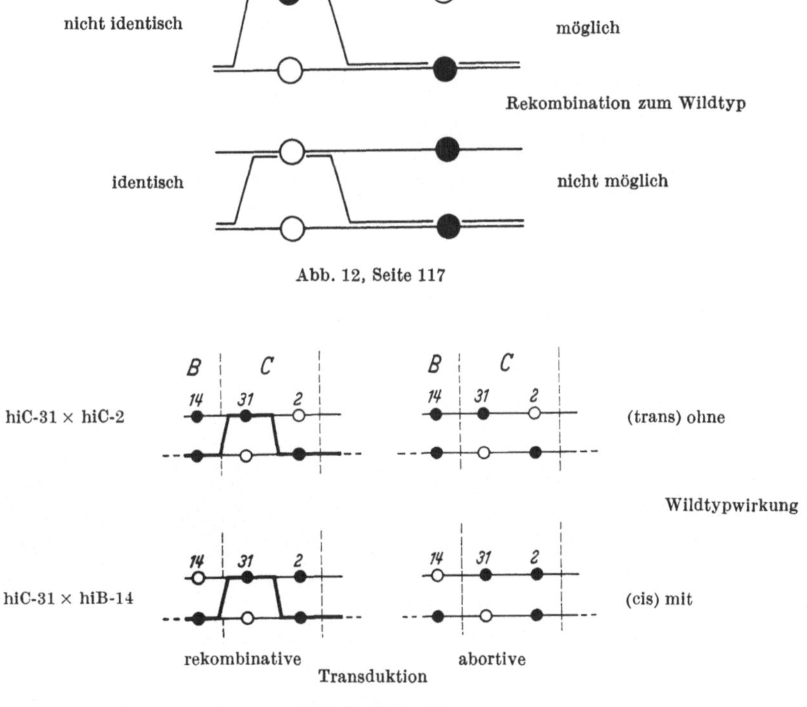

Abb. 12, Seite 117

Abb. 15, Seite 121